Realización de las operaciones previas al soldeo con electrodo

Antonio Pineda Rejas

ic editorial

Realización de las operaciones previas al soldeo con electrodo
© Antonio Pineda Rejas

1ª Edición

© IC Editorial, 2025

Editado por: IC Editorial
c/ Cueva de Viera, 2, Local 3
Centro Negocios CADI
29200 Antequera (Málaga)
Teléfono: 952 70 60 04
Fax: 952 84 55 03
Correo electrónico: iceditorial@iceditorial.com
Internet: www.iceditorial.com

ISBN: 979-13-7027-082-7
Depósito Legal: MA 1817-2025

Impresión: PODiPrint
Impreso en Andalucía – España

Nota de la editorial: IC Editorial pertenece a Innovación y Cualificación S. L.

Presentación del manual

El **Certificado de Profesionalidad** es el instrumento de acreditación, en el ámbito de la Administración laboral, de las cualificaciones profesionales del Catálogo Nacional de Cualificaciones Profesionales adquiridas a través de procesos formativos o del proceso de reconocimiento de la experiencia laboral y de vías no formales de formación.

El elemento mínimo acreditable es la **Unidad de Competencia.** La suma de las acreditaciones de las unidades de competencia conforma la acreditación de la competencia general.

Una **Unidad de Competencia** se define como una agrupación de tareas productivas específica que realiza el profesional. Las diferentes unidades de competencia de un certificado de profesionalidad conforman la **Competencia General,** definiendo el conjunto de conocimientos y capacidades que permiten el ejercicio de una actividad profesional determinada.

Cada **Unidad de Competencia** lleva asociado un **Módulo Formativo,** donde se describe la formación necesaria para adquirir esa **Unidad de Competencia,** pudiendo dividirse en **Unidades Formativas.**

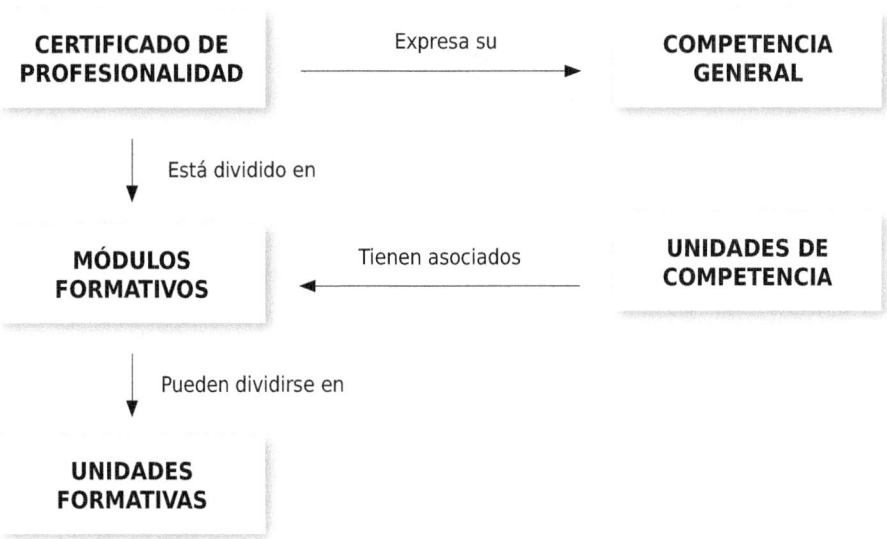

El presente manual desarrolla la Unidad Formativa **UF2998: Realización de las operaciones previas al soldeo con electrodo,**

perteneciente al Módulo Formativo **MF2312_2: Realización de las operaciones previas al soldeo con electrodo,**

asociado a la unidad de competencia **UC2312_2: Realizar las operaciones previas de preparación al soldeo con electrodo,**

del Certificado de Profesionalidad **Soldadura por arco bajo gas protector con electrodo consumible, soldeo «MIG/MAG».**

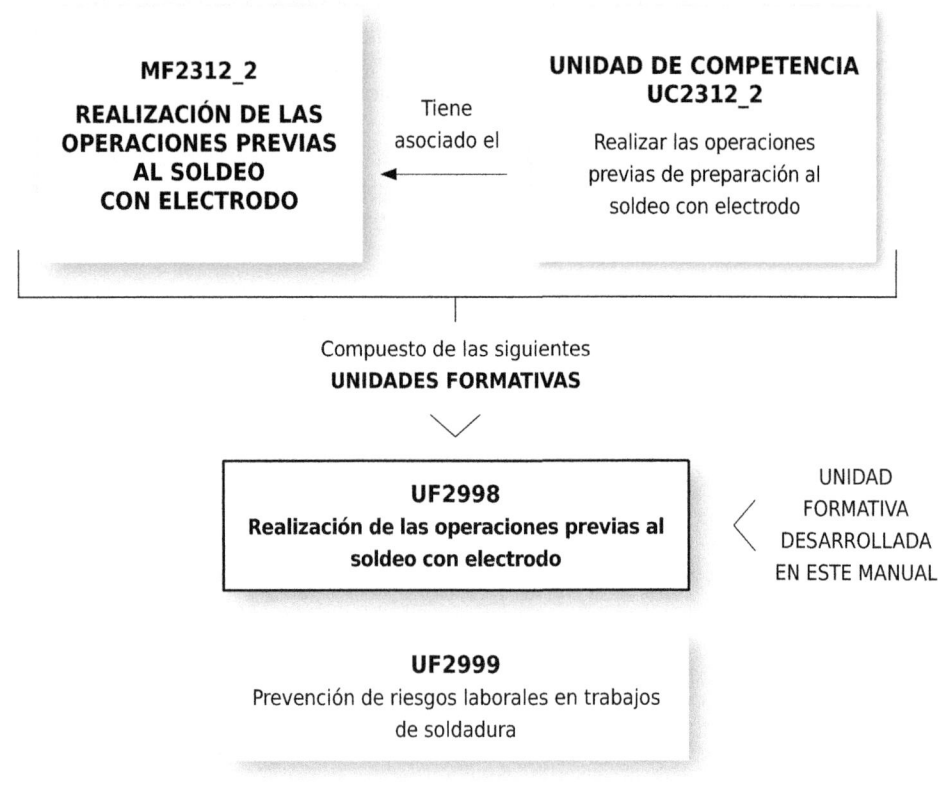

MF2312_2

REALIZACIÓN DE LAS OPERACIONES PREVIAS AL SOLDEO CON ELECTRODO

Tiene asociado el

UNIDAD DE COMPETENCIA UC2312_2

Realizar las operaciones previas de preparación al soldeo con electrodo

Compuesto de las siguientes
UNIDADES FORMATIVAS

UF2998
Realización de las operaciones previas al soldeo con electrodo

UNIDAD FORMATIVA DESARROLLADA EN ESTE MANUAL

UF2999
Prevención de riesgos laborales en trabajos de soldadura

FICHA DE CERTIFICADO DE PROFESIONALIDAD

(FMEC0119_2) SOLDADURA POR ARCO BAJO GAS PROTECTOR CON ELECTRODO CONSUMIBLE, SOLDEO «MIG/MAG»

(R. D. 569/2023, de 4 julio)

COMPETENCIA GENERAL: Realizar las operaciones de soldeo por arco bajo gas protector con electrodo consumible, soldeo «MIG/MAG», de acuerdo con la información aportada por los planos, especificaciones técnicas, especificaciones de los procedimientos de soldeo e instrucciones de trabajo, cumpliendo los estándares de calidad y la normativa aplicable sobre prevención de riesgos laborales y de protección del medioambiente.

Cualificación profesional de referencia	Unidades de competencia		Ocupaciones o puestos de trabajo relacionados
FME684_2 SOLDADURA POR ARCO BAJO GAS PROTECTOR CON ELECTRODO CONSUMIBLE, SOLDEO «MIG/MAG» (R. D. 98/2019, de 1 de marzo)	UC2312_2	Realizar las operaciones previas de preparación al soldeo con electrodo.	• Soldadores y oxicortadores. • Soldadores por MIG/MAG. • Soldadores de estructuras metálicas ligeras.
	UC2313_2	Ejecutar las operaciones de soldeo por arco bajo gas protector con electrodo consumible, soldeo «MIG/MAG»	
	UC2314_2	Realizar las operaciones de comprobación y mejora postsoldeo al soldeo con electrodo.	

Correspondencia con el Catálogo Modular de Formación Profesional

Módulos certificado	Unidades formativas	Horas
MF2312_2: Realización de las operaciones previas al soldeo con electrodo	UF2998: Realización de las operaciones previas al soldeo con electrodo	60
	UF2999: Prevención de riesgos laborales en trabajos de soldadura	30
MF2313_2: Ejecución de las operaciones de soldeo por arco bajo gas protector con electrodo consumible, soldeo «MIG/MAG»	UF3000: Preparación previa al soldeo MIG/MAG y soldadura MAG de chapas y perfiles de acero al carbono	90
	UF3001: Soldadura MIG/MAG de chapas y estructuras de acero al carbono e inoxidable	90
	UF3002: Soldadura con alambre tubular	80
	UF2999: Prevención de riesgos laborales en trabajos de soldadura	30
MF2314_2: Realización de las operaciones postsoldeo con electrodo	UF3003 Realización de las operaciones postsoldeo con electrodo	60
	UF2999: Prevención de riesgos laborales en trabajos de soldadura	30
MFPCT0594: Módulo de formación práctica en centros de trabajo de soldadura MIG/MAG		80

Índice

OBJETIVOS GENERALES

El objetivo general del **MF2312_2: Realización de las operaciones previas al soldeo con electrodo,** es:

➲ Realizar las operaciones previas de preparación al soldeo con electrodo.

El objetivo general del **UF2998: Realización de las operaciones previas al soldeo con electrodo,** es:

➲ Obtener la información relativa a la preparación de bordes y posicionamiento de las piezas, para identificar el orden de ejecución de las operaciones, las herramientas y los equipos a emplear, interpretando las especificaciones técnicas.

Interpretación de documentación técnica

Contenido

1. Introducción
2. Designación y clasificación de los materiales
3. Simbología de la soldadura: UNE-EN y AWS
4. Terminología de soldadura utilizada en las operaciones de preparación de bordes, posicionado y fijación de las piezas
5. Hoja de proceso: operaciones de preparación de piezas para el soldeo
6. Especificaciones técnicas de soldeo (pWPS y WPS): información relativa a la supervisión de bordes, posicionado y fijación de las piezas
7. Planos de despiece y detalle
8. Resumen

Objetivos

Los objetivos específicos de esta Unidad de Aprendizaje son:

→ Clasificar correctamente los diversos tipos de materiales usados en soldadura, comprendiendo sus propiedades físicas, químicas y metalúrgicas esenciales.

→ Interpretar con precisión los símbolos de soldadura según las normas UNE-EN y ANSI/AWS.

→ Usar correctamente la terminología técnica asociada a la preparación de bordes, el posicionado y la fijación de piezas.

→ Aplicar tanto las hojas de proceso detalladas en la preparación de piezas, estandarizando procedimientos y optimizando tiempos, como los requisitos de las especificaciones de procedimiento de soldadura (WPS).

1. Introducción

La soldadura es una disciplina técnica que exige precisión, conocimiento y una comprensión profunda de los materiales y los procesos. Dominar la soldadura significa no solo saber cómo operar un equipo, sino también entender el "por qué" detrás de cada unión, garantizando la seguridad, la calidad y la integridad de cualquier proyecto.

En el mundo de la fabricación y la ingeniería, saber soldar es solo la mitad de la ecuación. La otra mitad, igualmente crucial, es comprender las instrucciones. Cada proyecto, cada componente y cada unión viene con un conjunto de "planos" y "reglas" que dictan exactamente cómo debe hacerse el trabajo. Esta información se encuentra en la documentación técnica. Ser capaz de leer, entender y aplicar esta información es lo que transforma un buen soldador en un profesional indispensable.

En este material abordarás el trabajo desde la identificación y clasificación de materiales según sus propiedades únicas, el manejo y aplicación de la simbología de soldadura (UNE-EN, ANSI/AWS) para interpretar y dibujar planos con exactitud, hasta la comprensión de la terminología específica de la preparación de bordes, el posicionado y la fijación de piezas. Además, aprenderás a utilizar hojas de proceso, interpretar las especificaciones de procedimiento de soldadura (WPS) y leer planos de despiece y detalle, asegurando que cada unión no solo sea fuerte, sino también perfecta, conforme a estándares de alta calidad y seguridad.

En el complejo mundo de la soldadura, donde la precisión y el conocimiento profundo de materiales y procesos son clave para garantizar la seguridad y calidad, Manuel, soldador experto, encarna la fusión perfecta entre habilidad práctica y dominio de la documentación técnica, aplicando diariamente su capacidad para leer, interpretar y ejecutar proyectos según las más estrictas especificaciones, desde la identificación de materiales hasta la comprensión de WPS y planos. A lo largo de la unidad, vamos a avanzar en los diferentes apartados siguiendo el aprendizaje de Manuel para la profesión de soldadura.

2. Designación y clasificación de los materiales

☞ **HILO CONDUCTOR**

Para Manuel, una de las primeras y más grandes ventajas de su aprendizaje es entender que en la soldadura no todo es acero. Saber que existen diferentes tipos de materiales para trabajar es como descubrir una nueva dimensión en su oficio.

Imagina a Manuel en el taller. Ahora, cuando ve una pieza, no solo ve metal; reconoce si es un acero al carbono que se suelda de una manera, o si es un acero inoxidable con sus propias reglas, o quizás un aluminio, ligero y con sus desafíos particulares. Este conocimiento le permite a Manuel elegir las herramientas y la técnica correctas desde el principio.

Saber que cada material reacciona de forma distinta al calor, que algunos necesitan una preparación especial o que ofrecen una resistencia específica, le da a Manuel una flexibilidad enorme. Le permite abordar una variedad de proyectos que antes le parecían imposibles y, sobre todo, le asegura que la unión que realice no solo sea fuerte, sino que sea la perfecta para ese material y su propósito. Es esta comprensión la que está transformando a Manuel en un soldador mucho más versátil y competente.

En el trabajo de la soldadura, dominar las técnicas de unión es solo una parte de la ecuación. Antes de siquiera pensar en encender el equipo, es absolutamente fundamental comprender el "ADN" de los materiales con los que vamos a trabajar. Cada metal, cada aleación, tiene una **identidad única,** determinada por su composición química, su microestructura y sus propiedades mecánicas. Estas características no solo definen su resistencia o su dureza, sino, crucialmente, su **soldabilidad:** ¿cómo se comportará ese material cuando le apliquemos calor intenso? ¿Será propenso a agrietarse? ¿Necesitará un tratamiento previo o posterior a la soldadura?

Ignorar esta fase de reconocimiento es como intentar construir una casa sin saber de qué están hechos los ladrillos. Por eso, en esta sección, nos adentraremos en el mundo de la **designación y clasificación de los materiales.** Aprenderemos a identificar los distintos tipos de metales, desde los versátiles **aceros al carbono** y sus complejas **aleaciones** hasta la ligereza del **aluminio** o la resistencia del **titanio.** Entenderemos los sistemas estandarizados que nos permiten "nombrar" y "categorizar" estos materiales, lo que a su vez nos guiará en la elección del proceso de soldadura más adecuado, el material de aporte correcto y los parámetros óptimos para asegurar una unión perfecta y duradera. Este conocimiento es la base sobre la que construirás cada soldadura de calidad.

2.1. Tipos de acero al carbono en soldadura

Los **aceros al carbono** son, sin duda, los caballos de batalla de la industria de la soldadura, constituyendo la aleación más fundamental de hierro y carbono. Sin embargo, no todos los aceros al carbono son iguales; la clave para una soldadura exitosa reside en entender su **contenido de carbono.** Este porcentaje determina no solo la dureza y resistencia del acero, sino también, y crucialmente, su **soldabilidad.**

Podemos clasificarlos en tres grupos principales:

- **Aceros de bajo carbono (dulces):** son los más fáciles de soldar, gracias a su bajo contenido de carbono (menos del 0,25 %). Son dúctiles y raramente requieren precalentamiento.
- **Aceros de medio carbono:** con un 0,25 % a 0,60 % de carbono, son más resistentes, pero su soldabilidad disminuye. A menudo necesitan precalentamiento y tratamientos postsoldadura para evitar agrietamientos.
- **Aceros de alto carbono:** con más del 0,60 % a 2 % de carbono, son muy duros, pero extremadamente difíciles de soldar. Su alta tendencia a las grietas exige precauciones rigurosas y un control térmico estricto.

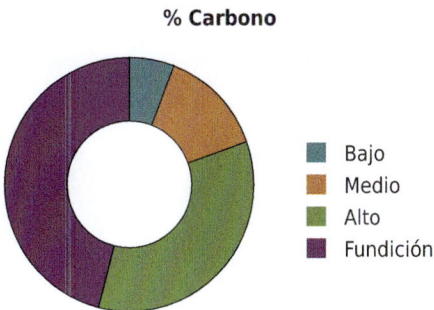

% Carbono

- Bajo
- Medio
- Alto
- Fundición

Entre un 2 % y un 6,67 % de carbono se considera fundición y no está dentro de las tres categorías principales.

Comprender estas diferencias es vital para seleccionar el proceso y los parámetros de soldadura correctos, asegurando la integridad de cada unión.

Acero inoxidables

El **acero inoxidable** es una familia de aleaciones de hierro que se distingue por su notable **resistencia a la corrosión.** Lo que lo hace "inoxidable" es la presencia de un mínimo de **10,5 % de cromo** en su composición química. Este cromo forma una delgada pero robusta capa protectora, llamada "**capa pasiva**", en la superficie del metal. Esta capa actúa como una barrera invisible que se **autorrepara** si se daña, evitando que el acero se oxide o se corroa en la mayoría de los ambientes.

Cuando hablamos de **acero inoxidable**, nos referimos a un grupo muy diverso de aceros. Este cromo es crucial porque crea una capa protectora que los hace **resistentes a la corrosión.**

Estos aceros se dividen en cinco grandes familias y cada una tiene una estructura interna (metalográfica) **única**, que le confiere propiedades particulares y afecta directamente su comportamiento durante la soldadura:

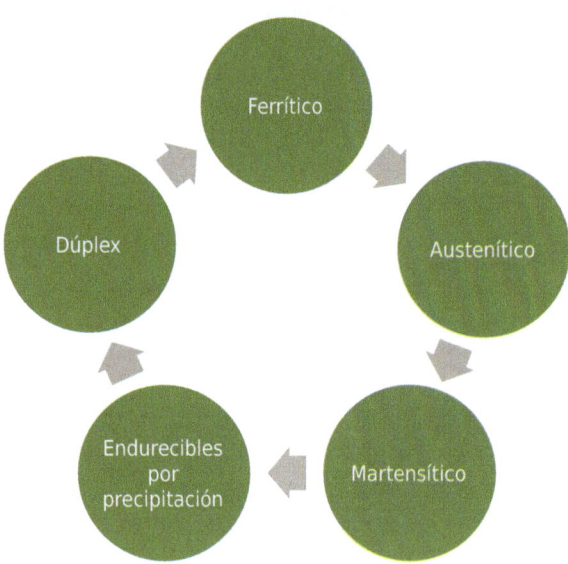

Antes de ver cada familia en detalle, es importante entender cómo los elementos que se les añaden a estos aceros afectan su estructura y, por lo tanto, su soldabilidad y resistencia a la corrosión.

Aceros inoxidables martensíticos

Estos fueron los primeros aceros inoxidables que aparecieron, parte de la serie 400. Sus características principales son:

- ➲ **Resisten la corrosión de forma moderada.** No son los mejores, pero cumplen.
- ➲ **Se pueden hacer más duros y fuertes con calor** (tratamiento térmico). Esto nos permite conseguir piezas muy resistentes y duras.
- ➲ **Son magnéticos.**
- ➲ **Se sueldan con dificultad.** Esto es importante por su alto contenido de carbono y su dureza natural.
- ➲ Están hechos principalmente de **cromo (entre 10,5 % y 18 %)** y tienen un **alto contenido de carbono (hasta 1,2 %).**

Aceros inoxidables ferríticos

También son de la serie 400. Mantienen una estructura estable, sin cambios, desde la temperatura ambiente hasta que se funden. Sus características son:

- ➲ **Resisten la corrosión de forma moderada a buena,** y esa resistencia mejora si tienen más cromo o algo de molibdeno.
- ➲ **No se pueden endurecer con calor,** solo un poco al trabajarlos en frío.
- ➲ **Son magnéticos.**
- ➲ **Su soldabilidad es mala.** Por eso, en piezas delgadas, a menudo se evitan las soldaduras.
- ➲ Normalmente se les hace un tratamiento llamado **"recocido"** para que sean más suaves, dúctiles y resistan mejor la corrosión.
- ➲ Como no son muy duros, se usan sobre todo en procesos de **formado en frío.**
- ➲ Son básicamente aleaciones con **cromo (entre 10,5 % y 30 %)**, pero con muy **poco carbono (casi siempre 0,08 % o menos).** Algunos pueden tener molibdeno, silicio, aluminio, titanio y niobio para darles otras propiedades.

 **NOTA**

Este tipo de material inoxidable es el utilizado en neveras, lavadoras, etc. A pesar de que muchos lo consideran como inoxidable de mala calidad, debemos saber que no es así; simplemente es magnético por su contenido en ferrita.

Aceros inoxidables austeníticos

Esta es la familia más grande y popular; incluye las series 200 y 300. Se usan mucho porque son **muy fáciles de moldear** y tienen una **excelente resistencia a la corrosión.** Algunas de sus características son:

- **Excelente resistencia a la corrosión.**
- **Se endurecen al trabajarlos en frío,** no con calor.
- **Se sueldan muy bien.**
- **Son muy higiénicos y fáciles de limpiar.**
- **Se forman y transforman fácilmente.**
- **Funcionan bien en temperaturas extremas,** tanto muy frías como muy calientes.
- **No son magnéticos.**
- Se consiguen añadiendo elementos como **níquel, manganeso y nitrógeno.** Tienen entre **16 % y 26 % de cromo** y un **bajo contenido de carbono (0,03 % a 0,08 %).**
- El cromo les da resistencia a la oxidación hasta unos 650 °C.

 ACTIVIDAD COMPLEMENTARIA

1. Busca en internet cuál es el tipo de inoxidable más utilizado en los trabajos de soldadura.

Esta familia se divide en dos:

Serie 300 (AISI)	- Son aleaciones de **cromo y níquel.** Es la serie más común, con alto contenido de níquel y hasta 2 % de manganeso. Pueden llevar otros elementos como molibdeno o cobre para darles propiedades específicas. A veces se les añade azufre o selenio para que sean más fáciles de mecanizar.
Serie 200 (AISI)	- Son aleaciones de **cromo, manganeso y nitrógeno.** Tienen menos níquel (y más manganeso, del 5 % al 20 %). El nitrógeno les da más resistencia.

 **VÍDEO**

En el siguiente enlace puedes visualizar un vídeo que te ayudará gráficamente a ampliar la información.

https://redirectoronline.com/uf29980101

Aceros inoxidables dúplex

Estos aceros son una mezcla de cromo, níquel y molibdeno, combinando lo mejor de las estructuras ferrítica y austenítica. Sus características son:

- **Son magnéticos.**
- **No se pueden endurecer con calor.**
- **Se sueldan bien.**
- Su estructura mixta les da una **resistencia mejorada a la corrosión por agrietamiento bajo tensión,** especialmente en ambientes con cloruros.
- Contienen entre **18 % y 26 % de cromo** y entre **4,5 % y 6,5 % de níquel.** También pueden tener nitrógeno, molibdeno, cobre, silicio y tungsteno para mejorar aún más su resistencia a la corrosión.

Aceros inoxidables endurecibles por precipitación

Esta familia es una alternativa si necesitas un acero inoxidable con **mucha resistencia mecánica y buena capacidad de ser mecanizado.** Son aleaciones de hierro, cromo y níquel que logran su gran resistencia al ser sometidos a un tratamiento térmico de envejecimiento. Suelen tener nombres específicos de las empresas que los fabrican.

Propiedades generales de los aceros inoxidables

Tipo	Resistencia a la corrosión	Dureza	Magnéticos	Endurecibles por tratamiento térmico (temple)	Soldabilidad
Martensíticos	Baja	Alta	SÍ	SÍ	Pobre
Ferríticos	Buena	Media/baja	SÍ	NO	Limitada
Austeníticos	Excelente	Alta*	NO**	NO	Excelente

* Adquieren mayor dureza al ser trabajados en frío.
** Adquieren cierto magnetismo al ser trabajados en frío.

Aluminio y sus aleaciones

Cuando trabajamos con **aluminio** en soldadura, es clave conocer sus características únicas. Este metal es **ligero,** de un brillante color blanco plateado y relativamente blando. Para darte una idea, una pieza de aluminio pesa más o menos **un tercio de lo que pesaría una de acero** del mismo tamaño.

El aluminio es muy apreciado por su **excelente resistencia a la corrosión** frente al aire, agua, aceites y muchos productos químicos. ¿La razón? Forma una **capa protectora de óxido de aluminio (llamada "alúmina")** en su superficie. Esta capa es una barrera fantástica contra la corrosión, pero hay un detalle crucial para la soldadura: la alúmina tiene un **punto de fusión altísimo.** Esto significa que **debemos quitarla antes o durante el soldeo** para poder fundir bien el metal base y conseguir una unión fuerte.

Además, el aluminio es un metal muy **dúctil,** lo que significa que se puede estirar o deformar sin romperse, incluso a temperaturas muy bajas. El aluminio puro, por sí solo, no es muy resistente. Sin embargo, cuando lo mezclamos con otros elementos, creamos **aleaciones de aluminio** que son mucho más fuertes y mejoran sus propiedades mecánicas.

Finalmente, el **aluminio puro** es un **excelente conductor de electricidad,** incluso mejor que sus aleaciones. Por eso lo verás mucho en aplicaciones eléctricas.

Comprender estas propiedades es fundamental para soldar aluminio de manera efectiva, ya que su ligereza, resistencia a la corrosión, capa de óxido y conductividad térmica influyen directamente en la técnica y los parámetros que debemos usar.

El **aluminio puro** es útil, pero para lograr propiedades específicas como mayor resistencia, lo mezclamos con otros metales. A esto lo llamamos **"aleaciones de aluminio"**. Los elementos más comunes que se le añaden son **cobre (Cu), magnesio (Mg), silicio (Si) y zinc (Zn).** A veces, también se incluyen pequeñas cantidades de cromo (Cr), hierro (Fe), níquel (Ni) y titanio (Ti). La gran ventaja es que cada una de estas aleaciones ofrece características superiores al aluminio sin alear.

Con estas aleaciones, podemos fabricar piezas de dos formas principales:

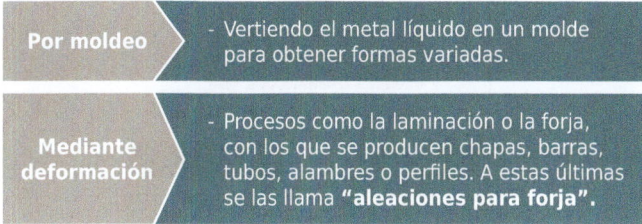

| Por moldeo | - Vertiendo el metal líquido en un molde para obtener formas variadas. |
| Mediante deformación | - Procesos como la laminación o la forja, con los que se producen chapas, barras, tubos, alambres o perfiles. A estas últimas se las llama **"aleaciones para forja".** |

Tipos de aleaciones: tratables y no tratables térmicamente

Tanto las aleaciones para moldeo como las de forja se dividen en dos grupos según si pueden mejorar sus propiedades con calor:

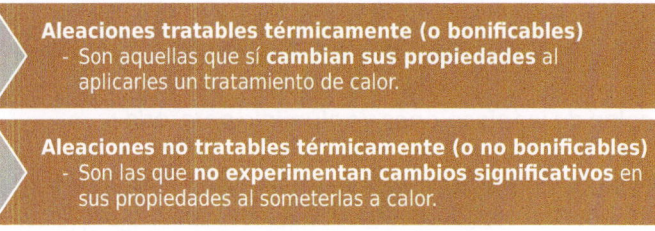

Aleaciones tratables térmicamente (o bonificables)
- Son aquellas que sí **cambian sus propiedades** al aplicarles un tratamiento de calor.

Aleaciones no tratables térmicamente (o no bonificables)
- Son las que **no experimentan cambios significativos** en sus propiedades al someterlas a calor.

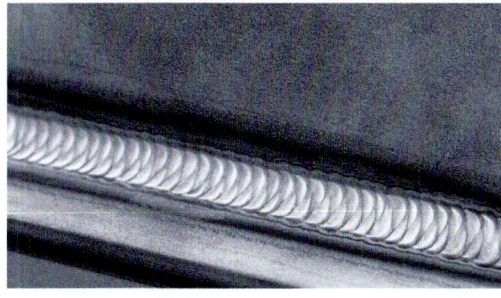

Las soldaduras de aluminio deben cumplir con todos los requisitos marcados en las WPS

[17]

El **tratamiento térmico de bonificado** es un proceso clave para las aleaciones bonificables. Consiste en calentar el metal a unos **500 °C y luego enfriarlo rápidamente.** Después, dependiendo de la aleación, se realiza una **maduración:** puede ser natural (manteniéndolo a temperatura ambiente) o artificial (calentándolo a unos 200 °C). Si este tratamiento se aplica a las aleaciones bonificables, su **dureza y resistencia mecánica aumentarán considerablemente.** Sin embargo, en las no bonificables, este proceso no tendrá ningún efecto importante.

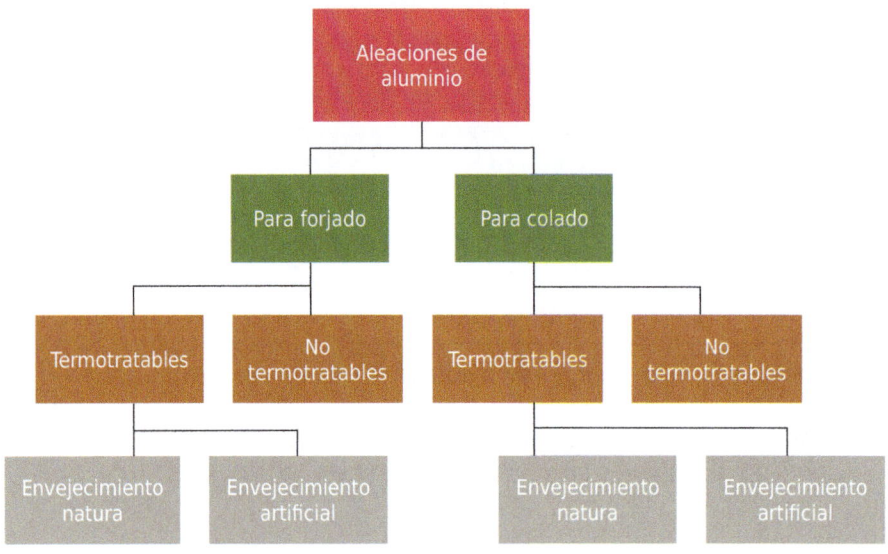

Designación de las aleaciones de aluminio para forja

Solo se expondrán las aleaciones para forja, puesto que son las que más se destinan a trabajos de soldeo.

Según la norma UNE 38-300 Aluminio y aleaciones para forja. Generalidades, el aluminio y las aleaciones de aluminio para forja constituyen la serie L-3XXX. Esta serie se clasifica en grupos, atendiendo a los principales elementos de aleación. Se consideran los grupos que se indican en la siguiente tabla:

Designación de grupo	Aleación
Grupo L-30XX	Aluminio
Grupo L-31XX	Aleaciones de aluminio-cobre (Al-Cu)
Grupo L-33XX	Aleaciones de aluminio-magnesio (Al-Mg)
Grupo L-34XX	Aleaciones de aluminio-magnesio-silicio (Al-Mg-Si)
Grupo L-35XX	Aleaciones de aluminio-silicio (Al-Si)
Grupo L-36XX	Aleaciones varias
Grupo L-37XX	Aleaciones aluminio-zinc (Al-Zn)
Grupo L-38XX	Aleaciones aluminio-manganeso (Al-Mn)
Grupo L-39XX	Aleaciones aluminio-estaño (Al-Sn)

La designación americana, según la Aluminium Association (AA), consiste en cuatro dígitos.

El primer dígito identifica el grupo de aleación, el segundo dígito indica una modificación de la aleación inicial o el límite de impurezas en el caso de aluminio no aleado. En la siguiente tabla se indican los grupos de aleación.

Grupo de aleación	Designación de la serie
Aluminio, pureza mínima: 99,00 %	1XXX
Aluminio-cobre	2XXX
Aluminio-manganeso	3XXX
Aluminio-silicio	4XXX
Aluminio-magnesio	5XXX
Aluminio-magnesio-ailicio	6XXX
Aluminio-zinc	7XXX
Aluminio-otros elementos	8XXX

ACTIVIDAD COMPLEMENTARIA

2. Busca qué tipo de vehículos de transporte están realizados con aluminio y están realizados con procesos de soldadura.

- -

3. Simbología de la soldadura: UNE-EN y AWS

☞ **HILO CONDUCTOR**

Manuel ya no es el mismo de antes. Gracias a los conocimientos que ha adquirido, ya sabe identificar sin dudar el tipo de material que va a soldar. Distingue rápidamente si es un acero al carbono, un brillante inoxidable o un ligero aluminio, comprendiendo que cada uno exige un trato especial.

Pero la maestría de Manuel va un paso más allá. Hoy, le han suministrado un plano lleno de símbolos de soldadura. Lo que antes parecían jeroglíficos, ahora son instrucciones claras y precisas. Gracias a su dominio de la simbología UNE-EN y AWS, Manuel puede "leer" ese plano como si fuera su propio idioma. Entiende la forma de la unión, la preparación de bordes necesaria, las dimensiones exactas y hasta si la soldadura debe ser continua o intermitente.

Este nuevo nivel de comprensión le permite a Manuel saber exactamente el tipo de soldadura que realizar para cada unión, asegurando no solo la resistencia, sino también la calidad y la eficiencia que exige cada proyecto. Es la combinación de su conocimiento sobre los materiales y su habilidad para interpretar los planos lo que lo convierte en un soldador excepcional, capaz de transformar el diseño en una realidad tangible y perfecta.

- -

En soldadura, la claridad en la comunicación es esencial. La simbología de soldadura es ese lenguaje universal que permite a todos, desde diseñadores hasta soldadores, entender cómo debe ser cada unión para garantizar su calidad y seguridad.

Esta sección te sumergirá en los dos sistemas principales: la normativa UNE-EN (estándares europeos) y la AWS (American Welding Society). Aunque comparten una lógica, tienen diferencias clave. Dominarlas te permitirá interpretar y crear planos con confianza, asegurando que tus proyectos cumplan con cualquier especificación técnica. Es el lenguaje que une el diseño con la fabricación.

El símbolo de soldadura es la clave para entender cómo debe hacerse una unión. Piensa en él como un pequeño diagrama que lo explica todo.

Este símbolo se compone de una línea de referencia (que es como la "espina dorsal" del símbolo) y una línea de flecha. La flecha siempre apunta directamente a la unión que vamos a soldar en el dibujo.

Sobre esa línea de referencia es donde se coloca toda la información importante: qué tipo de soldadura es, sus dimensiones, detalles extra y cualquier otra indicación necesaria. Lo ideal es dibujar esta línea de referencia de forma horizontal, paralela a la parte de abajo del plano.

A menudo, la línea de referencia no es simple, sino doble. Una de las líneas es continua y la otra es discontinua (a trazos). La línea discontinua se usa para dar información sobre el lado opuesto de la soldadura. Puede ir tanto encima como debajo de la línea continua (aunque se prefiere que vaya debajo). Esto es muy útil cuando una soldadura tiene características diferentes en cada lado de la unión.

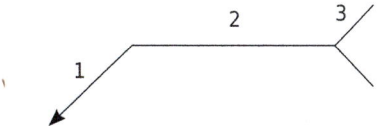

1. Línea de flecha
2. Línea de referencia
3. Cola

El punto 1 nos señala donde se debe de realizar la soldadura.
El punto 2 agrega detalles al símbolo de soldadura.

3.1. Símbolos básicos

Al símbolo básico de soldadura (esa combinación de la línea de referencia y la flecha) podemos añadirle más información. Para especificar el **tipo de soldadura** que necesitamos, usamos lo que se llaman "**símbolos elementales**". Estos nos dicen cómo será la soldadura desde el punto de vista de su forma.

Estos símbolos elementales se colocan justo **encima o debajo de la línea de referencia,** usualmente en su parte central.

Además, podemos hacer el símbolo aún más preciso añadiendo **símbolos suplementarios,** dimensiones o cualquier otra nota extra que sea necesaria. Y lo que es genial: **estos símbolos elementales pueden combinarse** entre sí para describir soldaduras más complejas o configuraciones especiales.

Designación	Representación (las líneas discontinuas muestran la preparación de la unión antes del soldeo)	Símbolo
Soldadura a tope con bordes rectos		
Soldadura a tope en V simple b		
Soldadura a tope en V simple con talón de raíz amplio b		
Soldadura a tope en bisel simple b		
Soldadura a tope en bisel simple con talón de raíz amplio		
Soldadura a tope en U simple b		
Soldadura a tope en J simple b		
Soldadura con bisel doble redondeado		

Continúa en página siguiente >>

<< Viene de página anterior

Designación	Representación (las líneas discontinuas muestran la preparación de la unión antes del soldeo)	Símbolo
Soldadura con bisel redondeado		
Soldadura en ángulo		
Soldadura de tapón (en ojal o botón)		
Punto de resistencia		
Punto de fusión		
Soldadura por costura		
Costura por fusión		
Soldeo de espárrago		
Soldadura a tope en V simple con flancos empinados		

Continúa en página siguiente >>

<< Viene de página anterior

Designación	Representación (las líneas discontinuas muestran la preparación de la unión antes del soldeo)	Símbolo
Soldadura a tope en bisel simple con flancos empinados	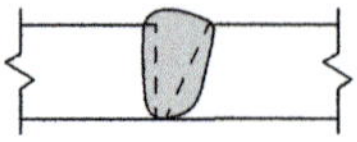	
Soldadura de canto	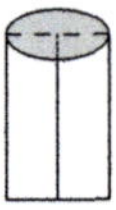	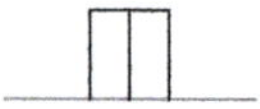
Soldadura a tope rebordeada y uniones en esquina rebordeada	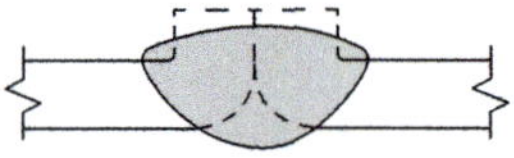	
Recargue	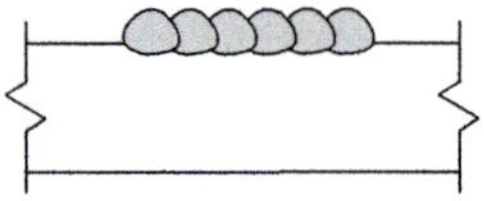	

Información obtenida de la norma UNE-EN ISO 2553

Los siguientes símbolos son complementarios:

Designación	Símbolo	Ejemplo de aplicación	Representación de la soldadura
Plano (normalmente acabado a paño)			
Convexa			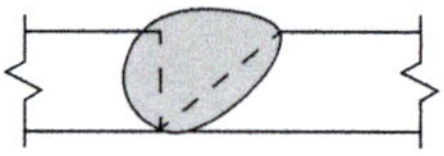
Cóncava		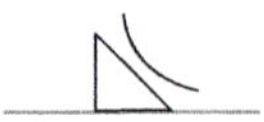	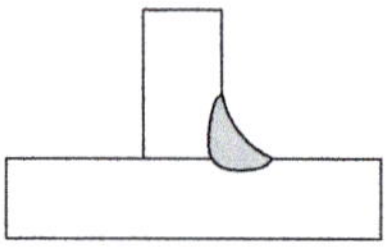

Continúa en página siguiente >>

[24]

<< Viene de página anterior

Designación	Símbolo	Ejemplo de aplicación	Representación de la soldadura
a) Pasada de reverso (realizada después de una soldadura a tope en V simple)			
b) Soldadura de respaldo (realizada antes de una soldadura a tope en V simple)			
Refuerzo de la raíz especificado (soldaduras a tope)			
Respaldo (sin especificar)			
Respaldo permanente	M		
Respaldo temporal/eliminable	MR		

Información obtenida de la norma UNE-EN ISO 2553

Algunos símbolos parece que se salen de la preparación de bordes, pero son fundamentales. Aquí podemos ver el banderín; este nos viene a contar que se realizará el trabajo fuera del taller, es decir, en el lugar de destino y la soldadura intermitente, que nos abrevia para indicarnos una soldadura secuencial y repetitiva. Estas dos se representan, como vemos, en la siguiente tabla:

Designación	Símbolo	Ejemplo de aplicación	Representación de la soldadura
Soldadura en campo			Sin ejemplo
Soldadura intermitente alternada			

Información obtenida de la norma UNE-EN ISO 2553

TAREA 1

A Manuel le han pasado un plano indicándole la soldadura que debe realizar. Esta soldadura se debe hacer con un chaflán y en posición plana; también le viene indicado una línea horizontal justo encima de la soldadura.

¿Sabrías decir a qué se refiere esa línea y cómo se debería proceder?

En cuanto a los **símbolos elementales normalizados,** a pesar de que con la simple imagen nos debe valer para realizar la soldadura, al ser normas internacionales y válidas para normativas vigentes en cualquier lugar del mundo, siempre es aconsejable su visualización con sus nombres en inglés.

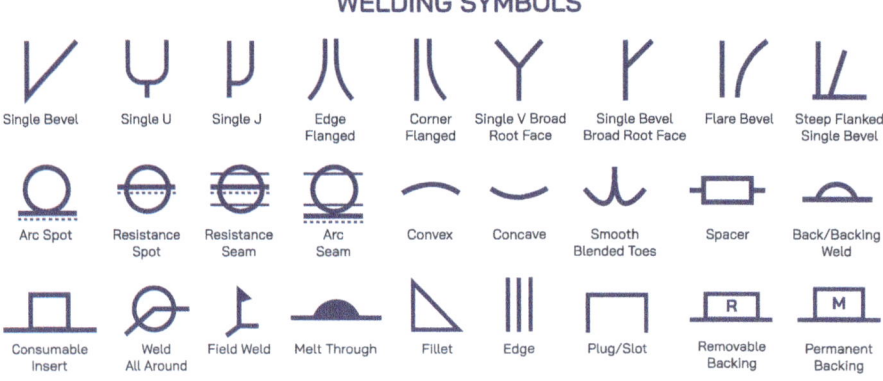

Símbolos de soldadura con sus respectivos nombres en inglés

3.2. Diferencias entre normativas UNE y AWS

A la hora de diferenciar los símbolos de soldadura de la UNE-EN y de la AWS, debemos fijarnos en algunos detalles, como las líneas discontinuas, pero lo mejor es cerciorarse en la leyenda de que es donde reside la normativa que se aplica.

Además, en la AWS suelen indicar la soldadura que realizar en la parte inferior de la línea de referencia si apunta directamente y en la parte superior si la soldadura se realizaría en la parte opuesta. Realicemos un ejemplo indicando el sistema A como la norma UNE-EN y el sistema B como la AWS:

a. **Sistema A** - Lado de flecha (símbolo en el componente continuo de la línea de referencia)

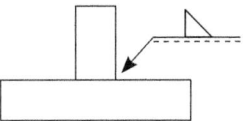

b. **Sistema B** - Lado de flecha (símbolo debajo de la línea de referencia)

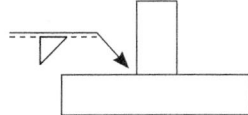

c. **Sistema A** - Otro lado (símbolo sobre el componente continuo de la línea de referencia)

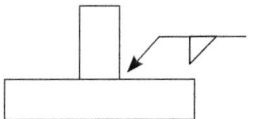

d. **Sistema B** - Otro lado (símbolo encima de la línea de referencia)

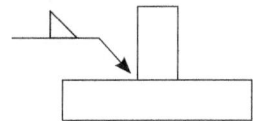

e. Misma soldadura empleando las cuatro opciones de la a. a la d.

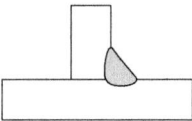

Información obtenida de la norma UNE-EN ISO 2553

Al igual que las líneas de referencias múltiples, estas nos dirán secuencialmente cómo debemos proceder, siendo el detalle de las líneas discontinuas y la posición del símbolo lo que nos indique el trabajo que debemos realizar:

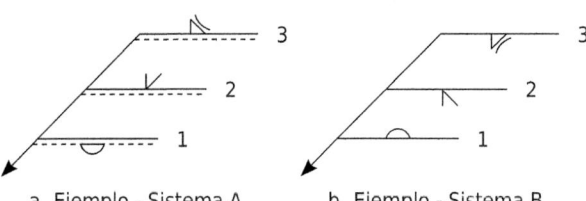

a. Ejemplo - Sistema A   b. Ejemplo - Sistema B

1. Primera operación
2. Segunda operación
3. Tercera operación

1, 2 y 3 se muestran para indicar el orden de las operaciones de soldeo y no se deben incluir en los planos

Información obtenida de la NORMA UNE EN ISO 2553

3.3. Cómo dimensionar las soldaduras en los planos

Para que una soldadura se haga exactamente como se necesita, sus **dimensiones** se especifican en la **línea de referencia** del símbolo de soldadura. Por lo general, necesitamos dos tipos de medidas:

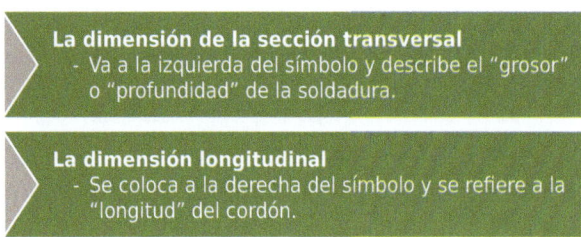

La dimensión de la sección transversal
- Va a la izquierda del símbolo y describe el "grosor" o "profundidad" de la soldadura.

La dimensión longitudinal
- Se coloca a la derecha del símbolo y se refiere a la "longitud" del cordón.

Las unidades de estas dimensiones siempre deben ser las mismas que las usadas en el resto del plano.

Dimensión de la sección transversal

La forma de medir la sección cambia según el tipo de soldadura. Aquí te explicamos las más comunes:

a. **Soldaduras a tope.** En las soldaduras a tope, la sección se define por la **profundidad de penetración (s)**. Si no se indica ninguna medida, se asume que la soldadura debe penetrar **completamente** el material. Si se suelda por ambos lados, cada lado debe llevar su propia dimensión.

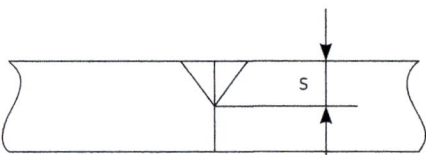

b. **Soldaduras en** ángulo. Para las soldaduras en ángulo, debemos indicar las medidas del triángulo que forma la soldadura. Usamos la letra **"a"** para el **espesor de garganta** o la letra **"z"** para la **longitud del lado**. Esta letra va antes del número. Por ejemplo, si los lados son desiguales, podríamos ver "z4 z6".

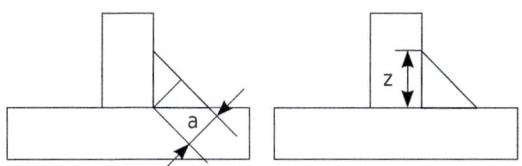

 APLICACIÓN PRÁCTICA

En los trabajos de soldadura se deben seguir las instrucciones de las WPS. A pesar de que cada responsable del diseño y cálculo de la estructura decide cuál es la medida de la garganta más adecuada para que cumpla con los requisitos exigidos, los soldadores deben aplicar sus conocimientos para realizar trabajos extra o sobrevenidos que no aparecen en los planos; estos normalmente suelen ser temporales.

Se debe realizar una fórmula para asegurarnos la fiabilidad de la soldadura; esta debe ser el 0,7 del menor espesor de las piezas que unir, es decir, si tenemos una soldadura de rincón de dos materiales distintos, una HEB 200 y esta tenemos que soldarla a una placa de 20 mm de espesor.

Datos:

Un perfil HEB 200 es un tipo de viga de acero con alas anchas, lo que significa que su altura y su ancho son aproximadamente iguales.

Las medidas clave para un perfil HEB 200 son:

- Altura (h): 200 mm
- Ancho del ala: 200 mm
- Espesor del alma: 9 mm
- Espesor del ala: 15 mm

Calcula cuál es su garganta efectiva o cuál consideras que sería mejor.

Solución

Con los datos obtenidos sería: 9 x 0,7 = 6,3 mm de garganta en el alma y 15 x 0,7 = 10,5 mm en el ala.

Dimensión longitudinal

La **longitud del cordón de soldadura** se especifica a la derecha del símbolo:

⊃ Si la soldadura es **continua** a lo largo de toda la unión, **no se indica ninguna longitud.** Se entiende que va de principio a fin.
⊃ Si la soldadura es **intermitente** (es decir, el cordón no es continuo, sino a tramos), debemos indicar, en este orden:

1. El **número de cordones (n).**
2. La **longitud de cada cordón (l).**
3. El **espacio entre cada cordón (e)**, que se pone entre paréntesis.

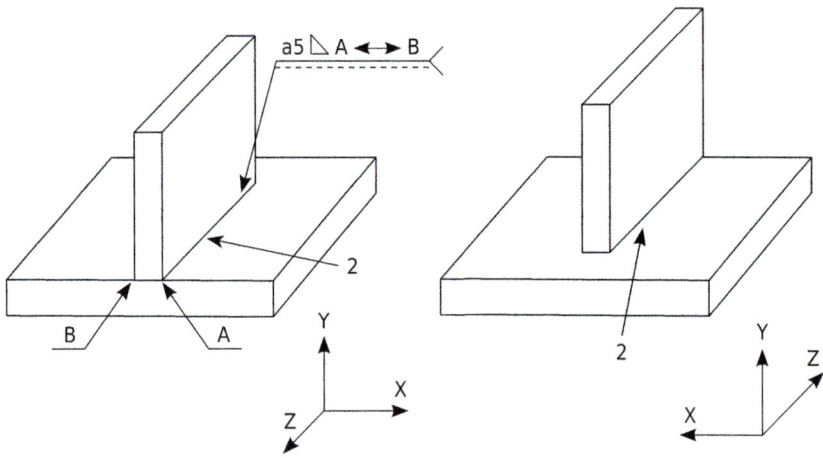

Información obtenida de la norma UNE-EN ISO 2553

Longitud de soldadura intermitente

Para las soldaduras que no son continuas, es decir, las **intermitentes,** la forma de mostrar su longitud en el plano es muy específica. Se representa con esta fórmula:

$$n \times l \, (e)$$

Donde:

⊃ **n:** es el **número de tramos o cordones** de soldadura que debe haber.

- **l:** es la **longitud de cada uno de esos tramos** de soldadura.
- **(e):** es el **espacio entre cada tramo** o cordón y siempre se coloca entre paréntesis.

 EJEMPLO

Si ves "4 x 20 (30)", significa que debes hacer 4 cordones de soldadura, cada uno de 20 unidades de longitud y con un espacio de 30 unidades entre ellos.

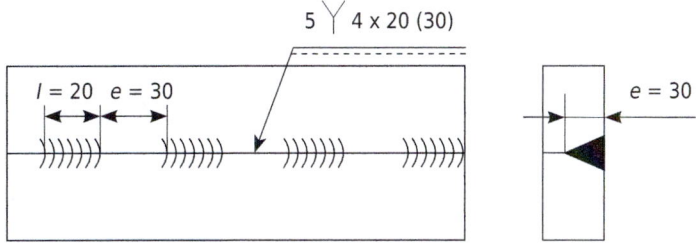

---

4. Terminología de soldadura utilizada en las operaciones de preparación de bordes, posicionado y fijación de las piezas

☞ HILO CONDUCTOR

Manuel ya domina los materiales y los símbolos, pero su aprendizaje no se detiene. Ahora, se sumerge en la terminología específica de la soldadura, un lenguaje que le permite hablar con total precisión sobre cada fase del trabajo.

Para Manuel, ya no es solo "juntar piezas"; ahora comprende la diferencia entre un bisel en V y un bisel en J, o por qué la abertura de raíz es tan crítica. Cada término, desde la cara de raíz hasta la limpieza de bordes, tiene un significado exacto que influye en la calidad final de la soldadura. Al hablar de posicionado,

Continúa en página siguiente >>

<< Viene de página anterior

Manuel sabe de la importancia de la alineación perfecta y, cuando se trata de fijación, entiende el rol vital del punteado y los amarres para evitar la distorsión.

Dominar esta terminología significa que Manuel no solo ejecuta las soldaduras, sino que las entiende a un nivel más profundo. Puede comunicarse sin ambigüedad con ingenieros y compañeros, asegurando que cada operación, desde la preparación más fina hasta el último ajuste, se realice con la exactitud necesaria para una unión impecable.

Antes de que el arco de soldadura se encienda, el éxito de cualquier unión soldada depende en gran medida de las etapas previas: cómo preparamos los bordes de las piezas, cómo las colocamos y cómo las sujetamos. Una preparación o fijación inadecuada puede llevar a defectos serios, como grietas, distorsiones o una resistencia insuficiente. Por eso dominar la terminología de estas fases es tan crucial como la habilidad de soldar.

Aquí desglosamos los términos clave asociados a las operaciones de preparación de bordes, posicionado y fijación.

4.1. Preparación de bordes

La preparación de bordes se refiere a la forma y el estado de los bordes de las piezas que se van a unir. Una geometría de borde correcta asegura la penetración adecuada y la calidad de la soldadura. Veamos algunas características:

⊃ **Bisel/chaflán:** es una inclinación o corte en el borde de una pieza para formar un ángulo. Esto permite que el material de aporte penetre más profundamente y forme una unión más fuerte y con mejor fusión. Podemos encontrar diferentes tipos:

  ☉ **Bisel en V (simple o doble):** un corte en forma de V en uno o ambos lados de la pieza.
  ☉ **Bisel en J (simple o doble):** un corte con una forma más curvada, similar a una J.
  ☉ **Bisel en U (simple o doble):** similar a la J, pero con una forma más pronunciada.

Ὁ **Borde recto:** sin bisel, usado para soldaduras a tope en materiales muy delgados o para ciertas uniones en ángulo.

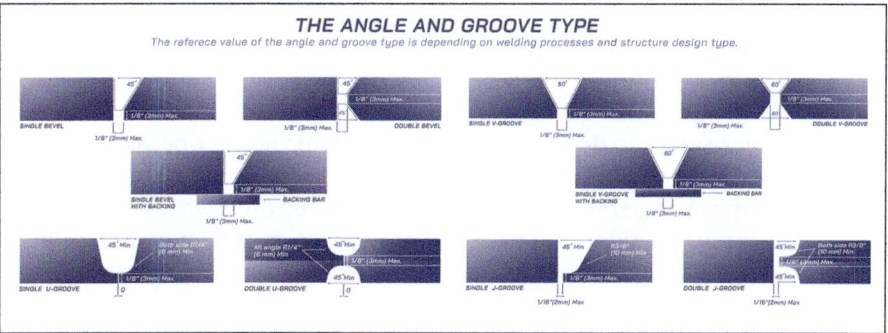

Ejemplos de tipos de uniones o preparación de borde más comunes

Ↄ **Cara de raíz/cara plana:** la parte plana del borde biselado que no se ha cortado y que queda en el fondo de la preparación. Es la parte más cercana a la raíz de la soldadura.

Ↄ **Abertura de raíz/separación:** el espacio o hueco que se deja intencionadamente entre los bordes de las piezas que unir. Una separación adecuada permite que el material de aporte fluya y penetre correctamente hasta la raíz. Demasiada o muy poca separación puede causar defectos.

Ↄ **Ángulo de bisel:** el ángulo que forma el bisel con la superficie de la pieza. Es un factor crítico para controlar la cantidad de material de aporte necesario y la penetración.

Ↄ **Limpieza de bordes:** el proceso de eliminar óxidos, suciedad, grasa, pintura o cualquier contaminante de los bordes que soldar. La limpieza es esencial para evitar porosidades, inclusiones y asegurar una fusión adecuada entre el metal base y el material de aporte.

Ↄ **Talón:** el **talón,** también conocido como **"cara de raíz"** o simplemente *land* en inglés, es un elemento crucial y a menudo subestimado en la preparación de bordes para soldadura, especialmente en chaflanes (biseles).

ACTIVIDAD COMPLEMENTARIA

3. Busca en internet qué altura de talón se aconseja más en la preparación de soldaduras y cuántos grados de chaflán se aconseja en una soldadura a tope.

Imagina que estás preparando un borde para soldar con forma de V. Si cortaras el metal hasta una punta afilada, sería difícil controlar la penetración de la soldadura. El **talón** es precisamente esa **pequeña porción del borde que se deja sin biselar en la parte más profunda o inferior de la preparación.** Es la zona plana, la parte final del espesor del material antes de que empiece la abertura de la raíz.

La función principal del talón es **proporcionar una base o "piso" consistente para el inicio de la soldadura.** Actúa como un soporte, ayudando a:

⊃ **Controlar la penetración:** evita la penetración excesiva (y el "quemado" de la raíz) y ayuda a lograr una fusión controlada y uniforme. Sin un talón, el metal de aporte podría pasar fácilmente al otro lado, formando una raíz irregular o excesiva.
⊃ **Facilitar el cebado del arco:** ofrece una superficie estable para iniciar el arco de soldadura.
⊃ **Mantener la abertura de raíz:** junto con la separación entre las piezas, el talón ayuda a mantener constante la distancia entre los bordes inferiores, lo cual es vital para una soldadura consistente.
⊃ **Soportar el primer cordón:** permite que el primer cordón de soldadura (el cordón de raíz) tenga una base sólida sobre la cual asentarse, evitando que colapse antes de que se solidifique.

En resumen, el **talón** es un detalle geométrico pequeño pero vital en la preparación de chaflanes. Su presencia y dimensión correctas son clave para la **calidad, control de penetración y facilidad de ejecución** del primer cordón de soldadura, que a menudo es el más crítico para la integridad de la unión.

APLICACIÓN PRÁCTICA

Manuel tiene que realizar un trabajo de soldadura en el que debe unir dos chapas de acero al carbono de 20 mm de espesor. Según el plano, nos dice que debe realizar una soldadura en V con unas medidas (imagen inferior).

¿Qué nos indica el plano de soldadura y cómo debería proceder en su preparación?

Continúa en página siguiente >>

<< Viene de página anterior

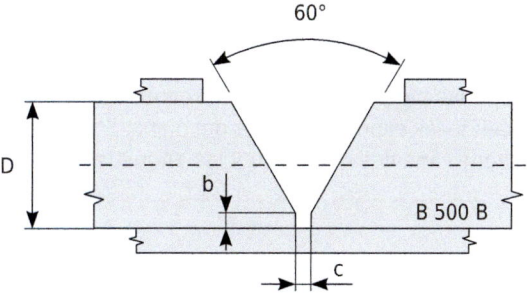

Solución

Lo primero que debe hacer Manuel es localizar el material **(D)** y el lugar donde debe realizar la preparación.

El plano indica que debe realizar un chaflán en cada lado de las chapas que debe soldar. Al ser simétrico, deberá realizar un chaflán de 30° en cada lado para que sumen los **60°** indicados en el plano.

También debe tener en cuenta la altura requerida en el punto **(b).** Es el talón y es de vital importancia para realizar una soldadura de calidad.

El último punto que tener en cuenta es la separación que deberá dejar entre ambas pieza a la hora del montaje **(c).**

4.2. Posicionado de las piezas

El posicionado se refiere a la forma en que las piezas se alinean y se orientan antes de la soldadura.

DEFINICIÓN

Alineación

Asegurar que las piezas estén correctamente orientadas unas con respecto a otras, siguiendo las especificaciones del plano. En estas destacamos dos tipos: las dimensiones lineales (planitud) y las angulares.

Importancia de la planitud en el montaje de la soldadura

La **planitud** en el montaje de la soldadura es absolutamente **crucial** y a menudo subestimada. Se refiere a asegurar que las superficies de las piezas que se van a unir estén **perfectamente rectas y niveladas** entre sí, sin curvaturas, alabeos o desniveles significativos.

Aquí te explicamos por qué es tan importante:

- **Reduce la distorsión:** el calor de la soldadura provoca que el metal se expanda y luego se contraiga al enfriarse. Si las piezas no están planas desde el principio, esta contracción puede generar **tensiones internas y deformaciones graves** (alabeos, curvaturas) en la estructura final. La planitud inicial ayuda a minimizar estos efectos no deseados.
- **Asegura la precisión dimensional:** para que un conjunto soldado cumpla con las especificaciones del plano, cada pieza debe estar en su posición correcta. Si las superficies no son planas, las **dimensiones finales** del componente o estructura pueden desviarse significativamente de lo esperado, llevando a problemas de ajuste con otras piezas o un mal funcionamiento.
- **Facilita la preparación de bordes y el ajuste:** unas piezas planas permiten que los biseles o preparaciones de bordes encajen perfectamente. Si hay huecos o desniveles, la **abertura de raíz** será inconsistente, lo que dificulta el control de la penetración y puede llevar a defectos como falta de fusión o excesiva penetración.
- **Optimiza la calidad del cordón:** con superficies planas y un ajuste uniforme, el soldador puede mantener una **velocidad de avance y un arco más estables,** resultando en cordones de soldadura más uniformes, con mejor apariencia y propiedades mecánicas. Las irregularidades en la planitud obligan al soldador a compensar, lo que puede afectar la calidad.
- **Minimiza el consumo de material de aporte:** cuando las piezas no están planas y hay huecos variables, se necesita una **mayor cantidad de material de aporte** para rellenar esos espacios. Esto no solo incrementa

los costos, sino que también añade más calor y estrés a la unión, aumentando el riesgo de distorsión.

⮑ **Mejora la seguridad:** una estructura soldada con problemas de planitud y distorsión puede tener **tensiones residuales no deseadas** que comprometen su integridad estructural a largo plazo, pudiendo llevar a fallos prematuros.

Por lo tanto, se podría decir que la **planitud es la base de un montaje exitoso en soldadura.** Es un factor crítico que influye directamente en la **calidad, precisión, eficiencia y durabilidad** de la unión soldada final. Ignorar este aspecto puede resultar en reparaciones costosas, desperdicio de material y componentes que no cumplen con los estándares.

Rango de tamaños nominales l, en mm

Tolerancias t, en mm

Clase de tolerancia	2 a 30	>30 a 120	>120 a 400	>400 a 1.000	>1.000 a 2.000	>2.000 a 4.000	>4.000 a 8.000	>8.000 a 12.000	>12.000 a 16.000	>16.000 a 20.000	>20.000
A	±1	±1	±1	±2	±3	±4	±5	±6	±7	±8	±9
B		±2	±2	±3	±4	±6	±8	±10	±12	±14	±16
C		±3	±4	±6	±8	±11	±14	±18	±21	±24	±27
D		±4	±7	±9	±12	±16	±21	±27	±32	±36	±40

Tolerancias en sistemas lineales (tabla obtenida de la norma UNE-EN ISO 13920/1997)

Dimensiones angulares en el montaje de la soldadura

Más allá de la planitud, la **precisión de las dimensiones angulares** es otro pilar fundamental en el montaje de la soldadura. Se refiere a asegurar que las piezas se unan formando los **ángulos exactos** que especifica el plano, sin desviaciones.

Aquí te explicamos por qué este aspecto es tan crítico:

1. **Asegura la geometría del conjunto:** en cualquier estructura, desde una simple escuadra hasta un marco complejo, los ángulos definen la forma final. Si las piezas se sueldan con ángulos incorrectos, la estructura no encajará con otros componentes, no cumplirá su función o incluso podría comprometer su estabilidad.
2. **Impacta directamente en el ajuste:** un ángulo incorrecto en una pieza significa que no se alineará bien con la siguiente. Esto crea **huecos irregulares o desalineaciones** en la unión, dificultando la soldadura y aumentando el riesgo de defectos como la falta de fusión o la distorsión. Es similar a intentar cerrar una puerta si el marco no es cuadrado.
3. **Controla la distribución de tensiones:** las tensiones de soldadura se distribuyen de forma específica a lo largo de una unión. Si el ángulo de montaje es incorrecto, esta distribución puede alterarse, concentrando el estrés en puntos no deseados y **reduciendo la resistencia** de la unión a largo plazo.
4. **Minimiza la distorsión angular:** así como la planitud reduce el alabeo, la correcta alineación angular ayuda a controlar la **distorsión angular** que puede producirse cuando el metal se contrae al enfriarse. Partir de los ángulos correctos disminuye la cantidad de "corrección" que se necesita después de soldar.
5. **Optimiza el consumo de material de aporte:** si los ángulos no son los adecuados, es probable que se necesite rellenar espacios adicionales con material de aporte. Esto lleva a un **consumo excesivo y un mayor aporte de calor,** lo que a su vez incrementa la probabilidad de distorsión y el costo.
6. **Facilita la ejecución de la soldadura:** un soldador trabaja de manera más eficiente y con mayor calidad cuando las piezas presentan los ángulos correctos. No tiene que hacer "malabares" con el arco para compensar desalineaciones, lo que resulta en cordones más uniformes y con mejor apariencia.

En definitiva, las **dimensiones angulares** son tan vitales como las lineales. Asegurar que las piezas estén con los ángulos correctos antes de soldar es esencial para construir estructuras que no solo sean fuertes, sino también **precisas, estéticamente agradables y funcionales.** Es un paso que ahorra tiempo, material y, lo más importante, garantiza la integridad del producto final.

Clase de tolerancia	Rango de tamaños nominales l, en mm (longitud de cateto más corto)		
	Hasta 400	>400 a 1.000	>1.000
	Tolerancias, en grados y minutos		
A	±20'	±15'	±10'
B	±45'	±30'	±20'
C	±1°	±45'	±30'
D	±1° 30'	±1° 15'	±1°
	Tolerancias calculadas y redondeadas t, en mm/m[1])		
A	±6	±4,5	±3
B	±13	±9	±6
C	±18	±13	±9
D	±26	±22	±18

Tolerancias en sistemas angulares (tabla obtenida de la NORMA UNE-EN ISO 13920/ 1997)

4.3. Dimensiones angulares en el montaje de la soldadura

En soldadura nos encontramos con grandes longitudes de soldadura o con un alto número de cordones. Para que estas se puedan realizar de manera rentable, la industria utiliza distintos sistemas dependiendo de su morfología, como, por ejemplo, **giro/rotación. Este se trata de un** movimiento de las piezas alrededor de un eje para colocar la unión en la posición más favorable para la soldadura (por ejemplo, soldadura en posición plana). A esta herramienta la llamamos "virador".

Virador con depósito preparado para soldar

 **APLICACIÓN PRÁCTICA**

Manuel tiene que realizar un trabajo de un depósito como el de la imagen anterior y lo ha situado en el virador. ¿Crees que ha usado un método adecuado?

Teniendo en cuenta que los anillos son chapas cilindradas y, por lo tanto, tienen una soldadura de unión, estas quedarán como soldaduras trasversales con respecto a las soldaduras de giro, atendiendo a esta peculiaridad. En cuanto a las soldaduras trasversales, ¿cuál sería la mejor opción para soldarlas?

Solución

Sí, es la mejor opción. Con respecto a las soldaduras trasversales también es el mejor método. Cabe recordar que, siempre que se pueda, las soldaduras deben realizarse en plano para amortizar los tiempos. Las soldaduras donde se giran son evidentes, pero las transversales no deben coincidir entre ellas a la hora de tener varios anillos; en este caso lo giraría hasta que se pusiera en la parte superior, fijaría los rodillos y procedería a soldarlo en plano.

Los **viradores para soldar depósitos** son equipos especializados diseñados para manipular y posicionar piezas cilíndricas de gran tamaño, como tanques, tuberías, recipientes a presión y depósitos, durante el proceso de soldadura. Su objetivo principal es permitir que el soldador (ya sea de forma manual o automática) realice las soldaduras en la **posición más óptima,** generalmente la posición plana (1G/1F para soldaduras de filete y 1G para soldaduras a tope circulares), lo que mejora significativamente la calidad, la eficiencia y la seguridad del trabajo.

NOTA

Las posiciones que se emplean en soldadura se verán en la Unidad de Aprendizaje 3.

- -

Un virador típicamente consiste en un conjunto de rodillos motorizados y, a menudo, rodillos locos (sin motor). La pieza cilíndrica (el depósito) se apoya sobre estos rodillos. El operario puede controlar la velocidad de rotación del depósito de forma precisa, permitiendo que el soldador mantenga el arco en la posición ideal mientras la pieza gira.

Los **componentes clave y características** del virador son:

- **Rodillos motorizados y locos:** un virador suele tener al menos una unidad motorizada (con rodillos que giran y hacen girar el depósito) y una o más unidades locas (con rodillos que solo soportan el peso del depósito y facilitan su rotación).
- **Capacidad de carga:** es una de las características más importantes, indicando el peso máximo que el virador puede soportar. Se mide en toneladas.
- **Rango de diámetro del depósito:** cada virador está diseñado para trabajar con un rango específico de diámetros de depósitos. Algunos modelos son autoalineables, adaptándose automáticamente a diferentes diámetros sin necesidad de ajustes manuales.
- **Velocidad de rotación variable:** permite ajustar la velocidad de giro de la pieza para adaptarse a diferentes procesos de soldadura (manual, semiautomático, automático) y al tipo de unión.
- **Control remoto:** la mayoría de los viradores modernos incluyen un control remoto (con cable o inalámbrico) que permite al operador controlar la dirección de giro (adelante/atrás) y la velocidad de forma cómoda y segura.
- **Material de los rodillos:** pueden ser de acero (para piezas pesadas o que no se dañan fácilmente) o con recubrimiento de poliuretano (para proteger superficies delicadas o acabadas).
- **Sincronización:** en sistemas más complejos o cuando se usan varios viradores, es crucial que las unidades motorizadas estén sincronizadas para evitar deslizamientos o tensiones en el depósito.

Los **beneficios** de usar viradores son los siguientes:

- ⮩ **Mejora de la calidad de la soldadura:** al permitir soldar en posición plana, se logra un cordón más uniforme, con mejor penetración y menos defectos (porosidad, inclusiones, falta de fusión), ya que la gravedad ayuda a controlar la poza de fusión.
- ⮩ **Aumento de la productividad:** reduce el tiempo de posicionamiento manual de piezas pesadas y permite soldar de forma continua sin interrupciones para reposicionar la pieza.
- ⮩ **Mayor seguridad:** minimiza la necesidad de manipular manualmente piezas grandes y pesadas, reduciendo el riesgo de accidentes y lesiones para los operarios.
- ⮩ **Reducción de fatiga del soldador:** trabajar en posición plana es mucho menos exigente físicamente para el soldador, lo que permite mantener la calidad durante periodos más largos.
- ⮩ **Facilita la automatización:** los viradores son componentes clave en sistemas de soldadura automatizada, combinándose a menudo con columnas y brazos de soldadura para procesos como SAW (soldadura por arco sumergido) o GMAW/FCAW automáticos.
- ⮩ **Control de la distorsión:** al aplicar el calor de manera más uniforme y en una posición controlada, se puede gestionar mejor la distorsión del depósito.

Los viradores son herramientas indispensables en la fabricación de depósitos, tuberías de gran diámetro, molinos, calderería pesada y cualquier estructura cilíndrica que requiera soldaduras circunferenciales de alta calidad. En los últimos años, la industria se dio cuenta de que no solo en los diseños cilíndricos era factible su uso, sino que estos podrían ser lo suficiente versátiles para todo tipo de diseños. Veamos un ejemplo:

- ⮩ **Inclinación/ángulo:** ajustar el ángulo de las piezas para facilitar el acceso del soldador o para controlar la poza de fusión en soldaduras en diferentes posiciones.

Vagón de tren con múltiples posiciones de soldadura para su ejecución

Volteadores para soldaduras en ángulo

Los **volteadores,** también conocidos como **"posicionadores de solda-dura"** o **"mesas giratorias",** son equipos esenciales en talleres y fábricas para manipular piezas de cualquier forma, no solo cilíndricas, y colocarlas en la **posición óptima para soldar,** especialmente cuando se trata de **sol-daduras en ángulo (filete).** A diferencia de los viradores que giran objetos cilíndricos sobre un eje, los volteadores permiten **girar y/o inclinar** la pieza en múltiples ejes.

 SABÍAS QUE...

Un volteador suele tener una mesa giratoria (plato) que se puede inclinar en un rango de ángulos (por ejemplo, de 0° a 135° desde la horizontal) y rotar continuamente en 360°. La pieza que soldar se fija a esta mesa. Esta doble capacidad de movimiento permite al soldador situar la junta que soldar siempre en la posición plana o inclinada (horizontal-vertical), que son las más sencillas y eficientes para realizar soldaduras en ángulo de alta calidad.

Los componentes clave y características son:

- ⮑ **Mesa giratoria (plato):** es la superficie de trabajo donde se monta la pieza. Puede tener ranuras en T o un patrón de agujeros para facilitar la sujeción con mordazas, bridas o accesorios especiales.
- ⮑ **Mecanismo de inclinación:** permite inclinar la mesa y, por lo tanto, la pieza, en el ángulo deseado. Esto se logra con motores y engranajes o sistemas hidráulicos y la inclinación puede ser manual o motorizada.
- ⮑ **Mecanismo de rotación:** controla el giro de la mesa sobre su propio eje. La velocidad de rotación es variable y precisa, ajustable a las necesidades del proceso de soldadura.
- ⮑ **Capacidad de carga:** la característica más importante, indicando el peso máximo que el volteador puede soportar y manipular de forma segura en todas sus posiciones.
- ⮑ **Control remoto:** permite al soldador controlar la inclinación y la rotación desde una distancia segura, optimizando su posición de trabajo y la de la pieza. Pueden ser controles con cable o inalámbricos.
- ⮑ **Variabilidad de velocidad:** es crucial tener un control fino de las velo-cidades de giro e inclinación para adaptarse a diferentes materiales, es-pesores y procesos de soldadura (manual, semiautomático, automático).

Los **beneficios** de usar volteadores para soldaduras en ángulo son:

- **Calidad superior de la soldadura:** permiten realizar casi todas las soldaduras en la **posición plana (1F),** donde la gravedad ayuda a que el metal de aporte se asiente mejor, resultando en cordones más uniformes, con excelente penetración y menos defectos. Esto es especialmente beneficioso para soldaduras de filete, donde la geometría puede ser compleja.
- **Aumento significativo de la productividad:** reducen drásticamente el tiempo de posicionamiento manual de piezas complejas. El soldador puede concentrarse en soldar en lugar de manipular la pieza.
- **Mayor seguridad:** al eliminar la necesidad de que los soldadores adopten posturas incómodas o manipulen piezas pesadas manualmente, se reduce el riesgo de lesiones y accidentes.
- **Menor fatiga del soldador:** trabajar en posición plana es ergonómicamente superior, lo que permite al soldador mantener un alto rendimiento y calidad durante más tiempo.
- **Optimización del aporte de calor y control de la distorsión:** al poder soldar en una posición controlada, es más fácil gestionar la secuencia de soldadura y el aporte de calor, minimizando la distorsión angular y el alabeo.
- **Facilitan la automatización y robotización:** los volteadores son plataformas ideales para integrar sistemas de soldadura automatizada o robótica, ya que proporcionan un control preciso sobre la posición y el movimiento de la pieza.

Los **volteadores** son una inversión clave para cualquier operación de soldadura que busque mejorar la calidad, la eficiencia, la seguridad y la productividad en la fabricación de conjuntos con **soldaduras en ángulo,** desde pequeñas piezas hasta grandes estructuras complejas.

 EJEMPLO

Son cada vez más las empresas que utilizan los sistemas de viradores para mejorar los tiempos de trabajo. En la industria ferroviaria no son menos, pero, debido a las dimensiones que manejan, han tenido que hacerlos especiales para ellos. La cantidad de soldaduras que contiene en bastante grande. Sin embargo, podemos decir con seguridad que la cantidad de soldadura en un vagón de tren es **muy elevada, de cientos a miles de metros.** Por ejemplo, algunas fuentes mencionan que incluso un vagón de transporte ligero puede requerir **cientos de metros de cordones de soldadura** en su chasis y estructura, considerando que un vagón de cercanías suele tener una longitud de unos 25 m y se construye con múltiples chapas y perfiles que se unen por soldadura.

Fijación de las piezas

La fijación se refiere a los métodos utilizados para sujetar las piezas en su posición durante el proceso de soldadura, evitando movimientos o distorsiones. Veamos las distintas técnicas que podemos aplicar:

● **Punteado:** pequeñas soldaduras temporales que se realizan en puntos específicos de la unión para mantener las piezas alineadas y con la separación correcta antes de la soldadura principal. Los punteados deben ser de buena calidad para evitar que se agrieten o fallen durante la soldadura final.
● **Amarre/sujeción:** uso de dispositivos mecánicos como mordazas, prensas, plantillas o utillajes para sujetar firmemente las piezas. Esto es crucial para prevenir la distorsión causada por el calor de la soldadura.
● **Contención/restricción:** aplicar fuerza externa para evitar o reducir la distorsión angular o longitudinal que se produce por la contracción del metal al enfriarse.
● **Separadores/espaciadores:** pequeñas piezas que se colocan entre los bordes de la unión para mantener una abertura de raíz constante y específica.

La sujeción de las piezas impide el desalineado de las piezas

Dominar esta terminología y comprender la importancia de cada paso te permitirá ejecutar uniones soldadas de alta calidad, eficientes y seguras. Es la base para construir correctamente desde el primer momento.

ACTIVIDAD COMPLEMENTARIA

4. Busca en internet la técnica de cómo arriostrar un depósito para su montaje y cuenta de qué se trata.

---

5. Hoja de proceso: operaciones de preparación de piezas para el soldeo

 HILO CONDUCTOR

Manuel ya domina los materiales y entiende el lenguaje de los símbolos y la terminología de soldadura. Pero ¿cómo se asegura de que cada pieza esté perfectamente lista para ser soldada, sin fallos ni improvisaciones? Aquí es donde entra en juego una herramienta fundamental: la hoja de proceso.

Para Manuel, esta hoja es mucho más que un simple documento; es la "receta" detallada y estandarizada que le dice paso a paso cómo preparar cada componente. Desde el tipo de corte inicial y las dimensiones exactas hasta la geometría precisa del bisel y el método de limpieza requerido, cada indicación en la hoja de proceso es una guía clara.

Gracias a ella, Manuel ya no tiene que adivinar. Sabe exactamente qué hacer, cómo hacerlo y qué tolerancias debe respetar. Este nivel de detalle le permite trabajar con una precisión impecable, asegurando que cada pieza esté preparada de forma idéntica, minimizando errores y optimizando el tiempo antes de que la soldadura comience. Para Manuel, la hoja de proceso es la garantía de que el éxito de la unión no es una casualidad, sino el resultado de una preparación meticulosa y bien documentada.

La calidad y eficiencia de una soldadura no solo dependen de la habilidad del soldador, sino de una preparación impecable. Aquí es donde entra en juego la **hoja de proceso.** Imagínala como la "receta" detallada que nos guía paso a paso en todas las operaciones previas al soldeo. Desde el corte inicial hasta la limpieza final, cada acción debe estar planificada y documentada para asegurar la uniformidad, reducir errores y optimizar los tiempos.

Esta sección te introducirá en la importancia de estas hojas de proceso. Aprenderás por qué es una herramienta indispensable en cualquier taller o fábrica, cómo se estructuran y qué información crucial contienen para que la preparación de las piezas sea perfecta. Es la clave para transformar la intención del diseño en una realidad soldada de alta calidad.

Una hoja de proceso para la preparación de piezas no es solo una lista de tareas; es un documento técnico que especifica:

Identificación de la pieza y material

En soldadura, la identificación correcta de la pieza y su material es el primer paso crítico para el éxito; permite comprender las dimensiones y geometría del componente. Esto es fundamental para seleccionar el proceso de soldadura, los consumibles y las técnicas adecuadas, asegurando la integridad y calidad de la unión final. Veamos cómo identificar las piezas:

- ➲ **Designación clara:** qué pieza es y qué la distingue de otras.
- ➲ **Tipo de material:** confirmación del metal o aleación (por ejemplo, acero al carbono, aluminio con magnesio, acero inoxidable 304L). Esto es vital porque cada material requiere métodos de preparación específicos.
- ➲ **Dimensiones iniciales:** medidas de la pieza tal como llega para ser preparada.

Las piezas deben estar siempre localizadas, independientemente de su tamaño. Un fallo puede ralentizar y tener como consecuencia pérdidas económicas graves para subsanarlo.

Operaciones de corte

En soldadura, las operaciones de corte son el paso inicial para dar forma al material base, ya sea para obtener dimensiones exactas o preparar bordes para la unión. Dominar técnicas como el oxicorte, plasma o láser es esencial, ya que un corte preciso y limpio influye directamente en la calidad, resistencia y eficiencia de la soldadura posterior. Analicemos qué debemos de tener en cuenta:

- **Tipo de corte:** indica el método que usar (corte por láser, plasma, oxicorte, cizallado, sierra, etc.). Cada método tiene implicaciones en la precisión y el acabado del borde.
- **Dimensiones de corte:** las medidas exactas a las que deben cortarse las piezas, incluyendo tolerancias.
- **Consideraciones de seguridad:** equipos de protección personal específicos para el corte.

Preparación de bordes

En soldadura, la preparación de bordes es un paso crítico que precede a cualquier unión, donde se modifica la geometría de las piezas para optimizar la fusión. Implica desde la limpieza y el corte preciso hasta el biselado y la configuración del talón y la abertura de raíz. Realizar una preparación impecable garantiza la penetración adecuada, minimiza defectos y asegura la integridad estructural de la soldadura final. Analicemos qué debemos tener en cuenta:

- **Tipo de bisel/chaflán:** especifica la geometría del borde a crear (bisel en V, en J, recto, etc.), según el diseño de la soldadura.
- **Ángulos y dimensiones del bisel:** valores precisos para el ángulo del bisel, la cara de raíz y la abertura de raíz. Una pequeña variación aquí puede afectar la penetración y el volumen de soldadura.
- **Método de preparación de bordes:** cómo se va a realizar el bisel (mecanizado, esmerilado, corte térmico).
- **Acabado superficial:** nivel de rugosidad o limpieza requerido después de la preparación del borde.

APLICACIÓN PRÁCTICA

Manuel tiene que realizar un trabajo de unión de dos chapas de 15 mm de espesor cada una y debe preparar dichas uniones. ¿Cómo crees que debe proceder?

Solución

Para unir dos chapas de 15 mm, Manuel debe proceder así:

1. **Preparación de bordes:** realizar un **chaflán en V simple** en ambas chapas, con un ángulo total de **60° a 70°** y un **talón** de **2 a 3 mm.** Es crucial dejar una **abertura de raíz** de 2 a 4 mm.
2. **Limpieza:** eliminar completamente **óxidos, pinturas, grasas** y cualquier contaminante de los bordes y zonas adyacentes para evitar defectos.
3. **Posicionado y fijación:** alinear las chapas perfectamente, mantener el *gap* con espaciadores y realizar **punteados** a lo largo de la unión para fijarlas y controlar la distorsión.
4. **Consulta de la WPS:** siempre revisar la **especificación de procedimiento de soldadura (WPS)** para el material y espesor, que detallará el proceso, material de aporte, parámetros de soldadura y secuencia de pasadas, asegurando una unión de alta calidad.

Limpieza de superficies

En soldadura, la limpieza de las superficies es un paso no negociable antes de cualquier unión, tan vital como la propia soldadura. Implica la eliminación completa de óxido, grasa, pintura, escoria o cualquier contaminante que pueda interferir con el proceso. Una superficie impecable garantiza una fusión metálica adecuada, previene defectos como la porosidad y las inclusiones y asegura la integridad y resistencia del cordón final. Analicemos qué debemos tener en cuenta:

- ➲ **Método de limpieza:** qué se usará para eliminar óxidos, grasas, pinturas o cualquier contaminante (cepillado, desengrasado con disolventes, lijado, etc.).
- ➲ **Grado de limpieza:** el nivel de limpieza visual o instrumental que se debe alcanzar (por ejemplo, libre de óxido, brillo metálico).
- ➲ **Frecuencia:** si la limpieza es antes de cada paso o solo al final de la preparación.

NOTA

Es fácil pasarla por alto, pero la limpieza de las piezas antes de soldar es un paso absolutamente crítico que no se puede subestimar.

Antes de encender el equipo de soldar, asegúrate de eliminar por completo cualquier rastro de óxidos, pinturas, grasas, aceites, suciedad, escamas de laminación o cualquier otro contaminante presente en las superficies que vas a unir y en sus proximidades. Estos elementos extraños no solo estorban; son verdaderos enemigos de una buena soldadura.

¿Por qué es tan importante esta limpieza?

- Evita defectos: los contaminantes pueden descomponerse durante el proceso de soldadura, liberando gases que quedan atrapados en el metal fundido, causando porosidad (pequeños agujeros) o inclusiones (partículas extrañas incrustadas). También pueden impedir la fusión completa entre el metal base y el material de aporte.
- Asegura la fusión y penetración: la suciedad crea una barrera entre el arco y el metal, dificultando que el calor se transfiera de manera efectiva. Esto puede resultar en una falta de penetración o una fusión incompleta, dejando la unión débil y propensa a fallas.
- Mejora las propiedades mecánicas: una soldadura limpia es una soldadura fuerte. Sin contaminantes, la microestructura del cordón es más uniforme y sus propiedades mecánicas (resistencia, ductilidad) son óptimas.
- Reduce humos tóxicos: algunos contaminantes, como ciertas pinturas o aceites, pueden generar humos tóxicos al quemarse, lo que es peligroso para la salud del soldador.
- Control de la distorsión: una unión limpia permite un flujo de calor más predecible y uniforme, lo que ayuda a controlar la distorsión del material.

Una buena limpieza no es un extra; es la base innegociable para lograr una soldadura de calidad, segura y duradera. Dedicar tiempo a este paso inicial te ahorrará muchos problemas, retrabajos y costos a largo plazo.

- -

Marcado y trazado

En soldadura, el marcado y trazado son pasos preliminares esenciales que guían la precisión de todo el proceso de fabricación. Consisten en transferir las dimensiones y geometrías exactas del plano técnico al material base, utilizando herramientas como puntas de trazar, granetes y escuadras. Un marcado y trazado precisos aseguran que los cortes, perforaciones y ensambles se realicen con la exactitud requerida, sentando las bases para una soldadura de calidad y un producto final conforme a las especificaciones. Veamos qué puntos debemos tener en cuenta:

- **Método de marcado:** cómo se marcarán las líneas de corte, los puntos de referencia o las ubicaciones de los componentes (trazador, punzón, marcador).
- **Tolerancias:** límites permitidos para el trazado y el marcado.

El uso de las herramientas de trazado respetando su tolerancia es fundamental

 ACTIVIDAD COMPLEMENTARIA

5. En soldadura, utilizamos una especie de tiza para marcar poco usual. Es la única que no deja restos en las radiografías o ultrasonidos. Es importante no equivocarse. ¿Sabrías decir cuál es?

Control de calidad en la preparación

El control de calidad en la preparación de soldadura es una fase preventiva crucial para asegurar que el material y los bordes cumplan las especificaciones. Implica una inspección rigurosa de dimensiones, limpieza y geometría, usando metrología para detectar desviaciones a tiempo. Esto evita defectos costosos y garantiza la integridad final de la unión. Debemos tener en cuenta los siguientes puntos:

- **Puntos de inspección:** qué se debe verificar y en qué momento (por ejemplo, verificar ángulos de bisel, dimensiones de la abertura de raíz, limpieza).
- **Herramientas de medición:** qué instrumentos se usarán para la inspección (calibradores, goniómetros, galgas).
- **Criterios de aceptación/rechazo:** qué se considera correcto y qué requiere corrección.

La hoja de proceso no solo asegura que las piezas estén listas para una soldadura de calidad, sino que también **optimiza el flujo de trabajo**, **reduce el desperdicio de material** y **minimiza los errores humanos.** Es la columna vertebral de la eficiencia y la calidad en el taller de soldadura.

TAREA 2

A Manuel le han encargado realizar un trabajo de soldadura. Debe recuperar una pieza ya usada y empalmarla con la nueva para ahorrar costes. En la empresa lo han realizado en más ocasiones y conocen qué requisitos son necesarios para tener un buen resultado a la hora de utilizar este sistema. Le piden que averigüe qué se necesita para su instalación y poder incorporarlo a su producción.

---

6. Especificaciones técnicas de soldeo (pWPS y WPS): información relativa a la supervisión de bordes, posicionado y fijación de las piezas

 HILO CONDUCTOR

Manuel ya es un experto en reconocer materiales, descifrar símbolos y hablar con la terminología precisa de la soldadura. Pero para asegurar que cada unión no solo sea fuerte, sino también certificada y consistentemente perfecta, necesita la máxima guía: las especificaciones técnicas de soldeo (pWPS y WPS).

Continúa en página siguiente >>

<< Viene de página anterior

Para Manuel, la llegada de una WPS es como recibir las "reglas del juego" definitivas para cada soldadura. Ya no se trata solo de saber cómo preparar un bisel, sino de supervisar que cada borde cumpla con las medidas exactas dictadas por la especificación. La WPS le dice con precisión cómo debe ser el posicionado y la fijación de las piezas, desde el milimétrico *gap* (separación) de raíz hasta la cantidad y calidad de los punteados necesarios para evitar distorsiones.

Este nivel de detalle, contenido en las pWPS (que usará para probar nuevos procedimientos) y las WPS (para la producción diaria), le da a Manuel la certeza de que está siguiendo un proceso validado y seguro. Ahora puede ejecutar cada soldadura con la confianza de que su trabajo cumple con los más altos estándares de calidad y que cada unión es tan robusta y fiable como la ingeniería la diseñó.

En el ámbito de la soldadura, la calidad y la seguridad son innegociables. Para garantizar que cada unión cumpla con los estándares más exigentes, no basta con una buena preparación o un soldador hábil; se necesita una guía precisa y documentada. Aquí es donde entran en juego las **especificaciones técnicas de soldeo (pWPS y WPS).** Estos documentos son el **"libro de reglas"** que detalla cada aspecto del proceso de soldadura, desde los materiales hasta los parámetros. En esta sección, nos centraremos en cómo estas especificaciones regulan y controlan las operaciones clave de **supervisión de bordes, posicionado y fijación de las piezas,** asegurando que la base de la soldadura sea perfecta antes de que el arco se encienda.

NOTA

Las pWPS *(preliminary welding procedure specification/*procedimiento preliminar de especificación de soldadura) y WPS *(welding procedure specification/* especificación del proceso de soldadura) son documentos esenciales en la soldadura, funcionando como las "recetas" o "instrucciones" detalladas para realizar una unión soldada.

Una pWPS es la especificación inicial o borrador. Se crea basándose en el conocimiento y la experiencia y se utiliza como guía para realizar una soldadura de prueba. El objetivo es que, con esta pWPS, el soldador realice una probeta

Continúa en página siguiente >>

<< Viene de página anterior

que luego se someterá a diversas pruebas (destructivas y no destructivas) para verificar la calidad de la unión.

Si los resultados de esas pruebas son satisfactorios y cumplen con los estándares requeridos, la pWPS se convierte en una WPS *(welding procedure specification)* calificada y aprobada. La WPS final es entonces el documento oficial y vinculante que detalla todos los parámetros y variables esenciales para la soldadura (desde el material base y de aporte hasta la corriente, el voltaje, la velocidad, los gases y la preparación de bordes, posicionado y fijación de las piezas).

En resumen, la pWPS sirve como un plan de prueba para desarrollar una soldadura, mientras que la WPS es el procedimiento ya validado y certificado que deben seguir los soldadores en producción para asegurar que cada unión cumpla con los estándares de calidad y seguridad exigidos. Son herramientas clave para garantizar la repetibilidad, consistencia y fiabilidad de las soldaduras en la industria.

Las **especificaciones técnicas de soldeo (WPS),** junto con sus versiones preliminares (**pWPS** o pre-WPS), son documentos fundamentales en la industria de la soldadura. Son, en esencia, instrucciones escritas y calificadas que aseguran la **repetibilidad, calidad y consistencia** de las uniones soldadas. Aunque una WPS cubre todos los aspectos de la soldadura (proceso, material de aporte, amperaje, voltaje, etc.), una parte crucial de su información se dedica a la **supervisión y control de las etapas previas al soldeo.**

Aquí vemos cómo las WPS y pWPS abordan la información relativa a la preparación y el ensamblaje de las piezas.

Supervisión de bordes (preparación de la junta)

La WPS detalla explícitamente cómo deben prepararse los bordes de las piezas antes de soldar, garantizando que la geometría de la unión sea la adecuada para la penetración y el tipo de soldadura deseado. Veamos cómo deberíamos proceder y tener en cuenta:

- ⮕ **Tipo de preparación de borde:** la WPS especifica la forma del bisel (por ejemplo, V simple, V doble, J, U, etc.). Esto asegura que el espacio y la forma para el depósito del metal de aporte sean los correctos.
- ⮕ **Dimensiones de la preparación:** incluye valores precisos para el ángulo de bisel, la cara de raíz *(land)* y la abertura de raíz *(gap)*. Estas medidas

son críticas porque afectan directamente la penetración de la soldadura, el volumen de metal de aporte requerido y la propensión a defectos.

⊃ **Método de preparación:** indica cómo se deben obtener esos bordes (por ejemplo, mecanizado, oxicorte, corte por plasma, esmerilado). Esto es importante porque el método puede influir en la limpieza y la calidad de la superficie del borde.

⊃ **Limpieza de la junta:** la WPS describe los requisitos de limpieza de los bordes y las superficies adyacentes a la soldadura. Esto puede incluir métodos (por ejemplo, cepillado, desengrasado, esmerilado) y el grado de limpieza necesario para eliminar óxidos, suciedad, aceite o contaminantes que podrían causar porosidad o inclusiones en la soldadura.

NOTA

Utilizamos letras como "V" y otras como "U" o "J" en los símbolos de soldadura para los chaflanes porque representan la forma geométrica de la preparación de los bordes de las piezas que se van a unir. Son símbolos gráficos estandarizados que comunican de forma rápida y universal el tipo de "surco" o "canal" que debe crearse en el metal para que la soldadura tenga una penetración adecuada.

Piensa en estas letras como si fueran un esquema simplificado de la sección transversal de la unión:

- V *(V-groove*/chaflán en V): este es uno de los chaflanes más comunes. La "V" indica que se corta un ángulo en ambos bordes de las piezas (o en un solo lado para un *single V)*, formando una "V" cuando las piezas se juntan. Esto permite una buena penetración y es relativamente fácil de preparar.
- U *(U-groove*/chaflán en U): se asemeja a una "U" o un semicírculo. Este tipo de preparación se usa para reducir el volumen de metal de aporte en uniones gruesas, minimizando la distorsión y el calor aplicado. Es más complejo de preparar, generalmente requiere mecanizado.
- J *(J-groove*/chaflán en J): es una combinación de un borde recto con una curva, similar a una "J". Se usa en uniones donde un lado de la pieza es recto y el otro tiene esta forma curvada, ofreciendo un buen control de la penetración.

El uso de estas letras y formas en los símbolos de soldadura permite a los ingenieros y soldadores entender de un vistazo:

- Cómo deben prepararse los bordes de las piezas.
- La geometría del espacio donde se depositará el metal de aporte.

Continúa en página siguiente >>

<< Viene de página anterior

- El tipo de unión que se va a realizar, lo que influye directamente en la resistencia, la penetración y el volumen de soldadura necesario.

Sin estas representaciones estandarizadas, la comunicación sería ambigua y propensa a errores, lo que resultaría en soldaduras de baja calidad o que no cumplen con los requisitos de diseño.

Posicionado de las piezas

La WPS también proporciona directrices claras sobre cómo deben posicionarse y alinearse las piezas antes de la soldadura. Veamos una secuencia lógica de las órdenes que debemos acatar:

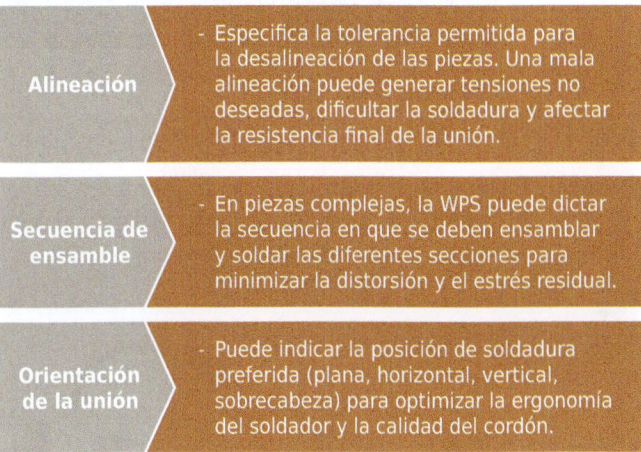

Alineación - Especifica la tolerancia permitida para la desalineación de las piezas. Una mala alineación puede generar tensiones no deseadas, dificultar la soldadura y afectar la resistencia final de la unión.

Secuencia de ensamble - En piezas complejas, la WPS puede dictar la secuencia en que se deben ensamblar y soldar las diferentes secciones para minimizar la distorsión y el estrés residual.

Orientación de la unión - Puede indicar la posición de soldadura preferida (plana, horizontal, vertical, sobrecabeza) para optimizar la ergonomía del soldador y la calidad del cordón.

Fijación de las piezas *(tack welds)*

La forma en que las piezas se sujetan durante la soldadura es vital para prevenir la distorsión y mantener las dimensiones. Veamos qué tres sistemas nos suelen indicar para proceder a su realización:

1. **Punteado *(tack welds):*** la WPS detalla los requisitos para los punteados temporales:

○ **Tamaño y longitud:** dimensiones mínimas y máximas.
○ **Espaciado:** distancia entre cada punteado.
○ **Proceso de soldadura para el punteado:** el mismo proceso que la soldadura final o uno compatible.
○ **Criterios de calidad:** si los punteados deben ser eliminados o si pueden ser incorporados en la soldadura final y bajo qué condiciones (por ejemplo, libres de grietas, buena fusión).

El proceso de punteado requiere la misma precisión que una soldadura para evitar defectos.

2. **Métodos de sujeción/amarre:** puede sugerir o requerir el uso de utillajes, mordazas, abrazaderas o dispositivos de sujeción para mantener las piezas en su lugar y controlar la distorsión.

Los métodos de anclaje pueden ser temporales o fijos. En la imagen vemos uno de tipo fijo. Este ha tenido que pasar controles de calidad para evitar posibles accidentes.

3. **Restricción:** en algunos casos, la WPS indicará la necesidad de restringir el movimiento de las piezas (aplicar fuerzas externas) para controlar la contracción y la distorsión durante y después del enfriamiento.

La variedad de útiles que se utilizan en la industria para forzar a mantener una estructura durante su soldeo o para ajustarlo a medida es tan grande que no podría existir ningún libro que las recogiera todas.

En resumen, la información contenida en las **pWPS y WPS** sobre la supervisión de bordes, posicionado y fijación es crítica. Estas especificaciones no solo aseguran que el soldador tenga una guía clara para la ejecución, sino que también garantizan que la preparación de la junta sea la adecuada, sentando las bases para una soldadura de alta calidad que cumpla con todos los requisitos de diseño y seguridad.

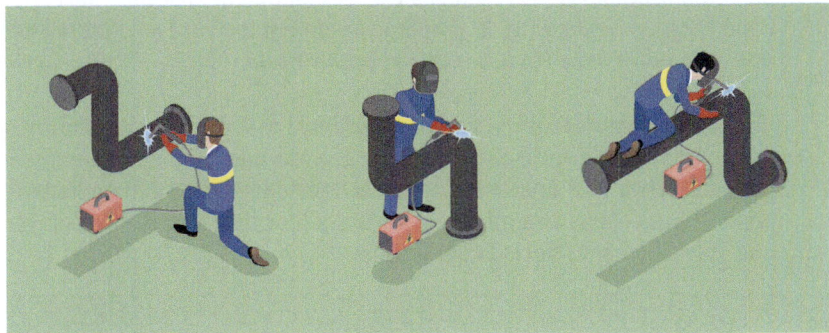

Las soldaduras que se realizan vienen precedidas en muchas ocasiones por las WPS, las cuales nos indicarán los parámetros que debemos utilizar.

ACTIVIDAD COMPLEMENTARIA

6. Busca en internet los códigos de colores de las eslingas de sujeción y haz una relación con el resultado y el peso de soporte.

---

7. Planos de despiece y detalle

 ## HILO CONDUCTOR

Manuel ya conoce los materiales al tacto, interpreta los símbolos como si fueran un idioma y sigue las especificaciones de las WPS al pie de la letra. Pero para que todo ese conocimiento se convierta en una estructura real, necesita la visión completa. Aquí es donde los planos de despiece y detalle se transforman en sus herramientas más poderosas.

Para Manuel, estos planos son como los planos de un arquitecto para un edificio de metal. El plano de despiece le da la "foto grande": ve cómo todas las piezas se conectan, la estructura final y dónde encaja cada componente. Es la guía de montaje que le permite visualizar el conjunto y planificar la secuencia.

Luego, el plano de detalle es su lupa. Le muestra cada pieza individual con una precisión asombrosa: sus medidas exactas, el tipo de material, los cortes que debe hacer y, vitalmente, la preparación de bordes y las soldaduras internas que cada pieza necesita antes de ser ensamblada.

Con estos planos, Manuel no solo está soldando; está construyendo con intención y precisión. Puede anticipar desafíos, asegurar que cada componente encaje perfectamente y, al final, ver cómo sus habilidades transforman líneas en un papel en una estructura metálica robusta y funcional. Los planos son el mapa que guía sus manos hacia la perfección.

En el proceso de transformar una idea de diseño en una estructura soldada tangible, la comunicación precisa es la piedra angular. No basta con saber soldar; es fundamental entender qué se va a soldar y cómo se ensamblará cada componente. Aquí es donde los **planos de despiece y detalle** se vuelven indispensables. Estos documentos son el "lenguaje" visual que traduce el diseño del ingeniero en instrucciones claras para los fabricantes y soldadores. Proporcionan la visión global de la estructura y, al mismo tiempo, el nivel de *zoom* necesario para cada pieza individual, garantizando que cada corte, cada perforación y, crucialmente, cada soldadura encaje a la perfección.

Los **planos de despiece y detalle** son documentos técnicos esenciales en la fabricación metálica y la soldadura. Su propósito es triple: **descomponer** una estructura compleja en sus componentes individuales, **especificar** las características exactas de cada una de esas piezas y **mostrar cómo se ensamblan** para formar el conjunto final.

Vamos a desglosar qué implica cada tipo de plano y por qué son vitales para el soldador.

 **VÍDEO**

El siguiente vídeo servirá para recordar el proceso para entender cómo leer los planos que nos van a suministrar:

https://redirectoronline.com/uf29980102

7.1. Planos de despiece (o planos de conjunto/montaje)

Los planos de despiece ofrecen una **visión general de la estructura completa**, mostrando cómo todas las piezas individuales se unen para formar el conjunto final. Diferenciemos estos puntos que nos ofrecen:

➲ **Propósito:** su función principal es mostrar la **relación y la ubicación** de cada componente dentro del ensamblaje. Permiten al soldador y al montador entender la secuencia lógica de ensamble y la posición relativa de cada pieza.
➲ **Contenido:**

◐ **Vista general del conjunto:** muestra la estructura montada, a menudo con vistas isométricas o en perspectiva.

◐ **Numeración de piezas (marcado):** cada componente individual tiene un número o identificador único que lo enlaza con la lista de materiales.

◐ **Líneas de explosión (opcional):** a veces, se usan líneas que muestran cómo las piezas se separan o "explotan" del conjunto para clarificar la secuencia de montaje.

◐ **Dimensiones generales:** proporcionan las medidas totales del conjunto, pero no necesariamente los detalles de cada pieza.

◐ **Indicaciones de soldadura (generales):** pueden mostrar la ubicación general de las soldaduras principales o el tipo de unión sin entrar en detalles específicos de cada cordón (esos detalles se encontrarán en los planos de detalle o en la WPS).

⊃ **Utilidad para el soldador:** ayudan al soldador a:

◐ **Visualizar la estructura final:** entender el contexto y la función de la pieza que está soldando.

◐ **Planificar la secuencia de montaje:** saber qué piezas se unen primero y cómo se posicionarán.

◐ **Identificar las uniones principales:** ubicar los puntos críticos donde se realizarán las soldaduras más importantes.

7.2. Planos de detalle

Los planos de detalle son el complemento indispensable de los planos de despiece. Se centran en **cada componente individual** de la estructura, proporcionando toda la información necesaria para su fabricación. Veamos por qué es necesario:

⊃ **Propósito:** ofrecer una **especificación completa** de cada pieza antes de ser ensamblada. Incluyen todas las dimensiones, tolerancias, materiales y, crucialmente, todas las preparaciones necesarias para la soldadura.

⊃ **Contenido:**

◐ **Vistas de la pieza individual:** proyecciones ortogonales (alzados, plantas, perfiles) de la pieza, con cortes y secciones si es necesario.

◐ **Dimensiones precisas:** todas las medidas necesarias para cortar, doblar, perforar o mecanizar la pieza.

◐ **Tolerancias:** límites de variación permitidos para cada dimensión, esenciales para asegurar que las piezas encajen correctamente.

- **Material:** especificación exacta del material (tipo de acero, aleación de aluminio, etc.).
- **Acabado superficial:** si se requiere un acabado específico (pulido, pintura, etc.).
- **Preparación de bordes:** este es un punto crítico para el soldador. El plano de detalle mostrará la geometría exacta de los biseles, la cara de raíz y la abertura de raíz, utilizando la simbología de soldadura adecuada.
- **Simbología de soldadura detallada:** para las soldaduras que se realizarán **en esa pieza específica antes del ensamble final,** se incluirán los símbolos completos con todas las dimensiones de garganta, longitud, tipo de cordón, etc. (Aunque las soldaduras finales de ensamble suelen estar en la WPS o en el plano de despiece si son muy simples).

- **Utilidad para el soldador:** son el **"manual de instrucciones"** para cada pieza, permitiendo al soldador:

  - **Preparar los bordes correctamente:** realizar los biseles y aberturas según las especificaciones exactas.
  - **Verificar dimensiones:** asegurarse de que la pieza cumple con las medidas antes de soldar.
  - **Identificar las soldaduras internas:** saber dónde se deben aplicar soldaduras en la pieza antes de que se una al conjunto.
  - **Controlar la calidad:** comparar la pieza fabricada con el plano para detectar desviaciones.

Las estructuras que debemos soldar pueden ser muy complejas y con multitud de soldaduras.

◎ EJEMPLO

Si tienes un plano con muchísimas soldaduras y necesitas el detalle de cada una, la explicación es que debes buscar las especificaciones de procedimiento de soldadura (WPS) y los planos de detalle.

Cuando un plano muestra una estructura con muchísimas soldaduras, no esperes que todos los detalles de cada cordón estén directamente sobre la línea de referencia del símbolo de soldadura en el plano general. Sería ilegible y sobrecargado.

En su lugar, la información se organiza en dos documentos clave:

1. El símbolo de soldadura en el plano: tu "referencia rápida". En el plano de conjunto o de montaje, los símbolos de soldadura actúan como una referencia rápida y un localizador. Te indican:

   · Dónde va la soldadura: la flecha apunta a la unión.
   · Tipo de soldadura: el símbolo elemental te dirá si es a tope, en ángulo, etc. (en este caso es de ángulo).
   · Ubicación general: si está en el lado de la flecha o en el lado opuesto.
   · Identificador (opcional pero común): a menudo, el símbolo de soldadura tendrá un número o una letra de referencia en la cola. Este es tu "código" para encontrar el detalle.

2. El detalle completo: las WPS (recuerda) y los planos de detalle. Para obtener la información exhaustiva de cada soldadura individual, tienes que ir a la siguiente documentación:

   · Las especificaciones de procedimiento de soldadura (WPS): estas son las "recetas" completas para cada tipo de soldadura. Si el símbolo en el plano tiene una referencia (por ejemplo, WPS-001), deberás consultar la WPS con ese código. La WPS te dará todos los detalles técnicos para esa soldadura específica:

     − Proceso de soldadura:
     − Materiales de aporte específicos (tipo de varilla o hilo).
     − Parámetros de soldadura (corriente, voltaje, velocidad, gases de protección).
     − Preparación exacta de bordes (ángulos, caras de raíz, aberturas).
     − Número de pasadas y secuencia de los cordones.
     − Precalentamiento y tratamientos postsoldadura necesarios.
     − Requisitos de inspección (cómo se verificará la calidad).

Continúa en página siguiente >>

<< Viene de página anterior

- Los planos de detalle (o planos de fabricación): estos planos se centran en componentes individuales y suelen mostrar las preparaciones de bordes (chaflanes, biseles) con gran precisión. Aunque la WPS da los parámetros de soldadura, el plano de detalle te mostrará la geometría específica de la unión que necesitas preparar en esa pieza.

El plano general te dice *dónde* y *qué* tipo general de soldadura es necesario. La WPS y los planos de detalle son los documentos que te dan el *cómo* y el *con qué* para cada soldadura, asegurando que se cumplan todos los requisitos de diseño y calidad.

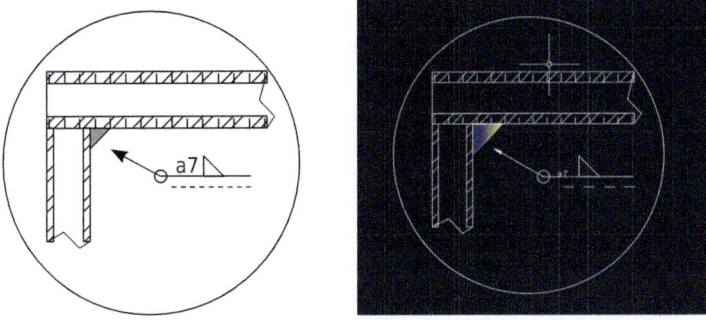

En ocasiones los detalles se sacan a través de un círculo que nos indica que es una lente para acercar el detalle

En definitiva, los planos de despiece y detalle son el puente entre el diseño y la fabricación. Para un soldador, la capacidad de leer e interpretar estos planos con precisión es tan fundamental como la habilidad de manipular el soplete. Son la garantía de que cada componente se fabrica correctamente y que el conjunto final cumple con las expectativas de ingeniería.

8. Resumen

Debemos prepararnos para dominar la soldadura, convirtiéndonos en expertos capaces de interpretar y aplicar instrucciones con precisión para asegurar calidad y seguridad. Esto incluye la identificación y clasificación de materiales según sus propiedades, el dominio de la simbología de soldadura (UNE-EN, ANSI/AWS) para comprender planos y especificaciones y la terminología técnica clave para la preparación, posicionado y fijación de piezas. Conocer las hojas de proceso, la interpretación de especificaciones de procedimiento de soldadura (WPS) para parámetros críticos y la lectura de planos de despiece y detalle para una visión integral del proyecto.

Por lo tanto, deberíamos tener presente los siguientes puntos:

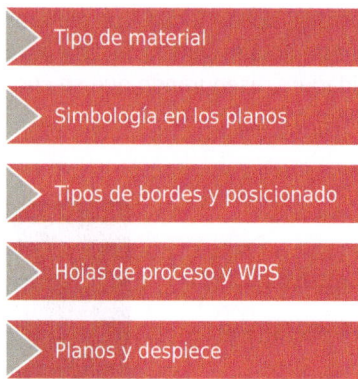

Los trabajos previos en soldadura son la base fundamental de cualquier unión de calidad, ya que garantizan la resistencia, controlan la distorsión, optimizan la eficiencia y aseguran la seguridad al preparar meticulosamente el material (interpretación de planos, corte, limpieza, biselado) y posicionar y fijar las piezas con precisión antes de iniciar la soldadura, evitando así defectos costosos y complejos de corregir.

Para este tipo de trabajo deberíamos seguir este orden:

La base con la que partimos nos permitirá realizar nuestros trabajos con solvencia.

Ejercicios de autoevaluación
Unidad de Aprendizaje 1

1. ¿Qué tipo de acero es conocido por su bajo contenido en carbono?

   a. Acero al carbono
   b. Acero dulce
   c. Acero inoxidable
   d. Acero aleado

2. Determina si la siguiente oración es verdadera o falsa: "Un símbolo de soldadura ANSI/AWS con un triángulo debajo de la línea de referencia indica una soldadura en el lado de la flecha".

   ■ Verdadero
   ■ Falso

3. ¿Cuál es el documento clave que detalla los parámetros críticos de soldadura y preparación para asegurar la calidad y seguridad de una unión?

   a. El plano de despiece
   b. La hoja de seguridad del material
   c. La especificación de procedimiento de soldadura (WPS)
   d. El certificado de calidad del consumible

4. ¿Cómo se designa la posición de soldadura "plana de rincón" en la norma UNE-EN ISO 6947?

   a. PB
   b. PE
   c. PG
   d. PA

5. Determina si la siguiente oración es verdadera o falsa: "El objetivo principal del punteado es realizar una soldadura final rápida y sin interrupciones".

   ■ Verdadero
   ■ Falso

6. Para medir con precisión el diámetro interno de un tubo de 24 mm, ¿qué herramienta de metrología es la más adecuada?

    a. Un flexómetro
    b. Un micrómetro
    c. Una regla graduada
    d. Un calibre (pie de rey)

7. ¿Qué equipo de posicionamiento permite girar una pieza grande sobre su propio eje, lo que facilita soldar siempre en posición plana?

    a. Una grúa pluma
    b. Un polipasto
    c. Un volteador
    d. Una mesa de alineación

8. Determina si la siguiente oración es verdadera o falsa: "En la metrología, la medición por comparación siempre arroja un valor numérico exacto".

    ■ Verdadero
    ■ Falso

9. ¿Qué sistema de fijación se utiliza temporalmente en una unión a tope para evitar que el metal fundido caiga durante el pase de raíz?

    a. Un sargento
    b. Una mordaza
    c. Un puente de control
    d. Un respaldo

10. ¿Qué documento se utiliza para estandarizar los pasos, herramientas y tolerancias en la preparación de piezas antes de soldar, garantizando la consistencia del proceso?

    a. El plano de detalle
    b. El certificado de material
    c. La WPS
    d. La hoja de proceso

Preparación de material base

Contenido

Objetivos

Los objetivos específicos de esta Unidad de Aprendizaje son:

→ Aplicar los métodos de corte térmico para dar forma al material y realizar mecanizados como el esmerilado o biselado para refinar los bordes.

→ Manejar correctamente los equipos y herramientas específicos para la preparación del material entendiendo sus componentes y aplicaciones.

→ Identificar los riesgos asociados a cada equipo y herramienta y aplicar rigurosamente las medidas de seguridad necesarias para prevenir accidentes en todo momento.

→ Configurar con precisión las características geométricas esenciales de los bordes para asegurar una penetración óptima y la integridad de la soldadura.

1. Introducción

En el mundo de la soldadura, el éxito de una unión robusta y de alta calidad no recae únicamente en la habilidad de soldar, sino, fundamentalmente, en la preparación previa del material base. Imagina construir una casa: no importa cuán experto sea el albañil; si los cimientos no están bien preparados, la estructura final será débil. Lo mismo ocurre con la soldadura.

Esta fase es crítica porque define la geometría y el estado de los bordes que se van a unir, influyendo directamente en la penetración, la fusión y la minimización de defectos. Abarca desde los métodos de corte térmico (como el oxicorte o plasma), que dan forma inicial a las piezas, hasta los pequeños mecanizados (como el esmerilado o el biselado), que refinan esos bordes, asegurando las dimensiones exactas.

Dominar la preparación del material base también implica un profundo conocimiento del equipo y herramientas necesarias, entendiendo sus características, riesgos y las medidas de seguridad asociadas. Más allá de las herramientas, es esencial dominar las características de los bordes: la geometría, el ángulo y la profundidad del chaflán o bisel, las dimensiones precisas del talón (cara de raíz), el radio y la abertura de la raíz. Cada uno de estos elementos es crucial para que el soldador pueda lograr una unión fuerte, sin porosidad ni falta de fusión y con la mínima distorsión.

Al dominar estas técnicas, no solo estarás preparando uniones, sino que estarás sentando las bases para soldaduras impecables y duraderas que cumplan con los estándares más exigentes de calidad y seguridad.

Manuel, con su dominio de materiales y planos, ahora se enfoca en la supervisión de bordes: el arte de conformar y preparar las piezas con precisión. Desde el corte térmico (oxicorte, plasma, láser) hasta los mecanizados finos (esmerilado, biselado), asegura que cada milímetro en la geometría y limpieza sea perfecto para una soldadura impecable.

2. Supervisión de bordes: estudio y aplicación de métodos de conformado por corte térmico y pequeños mecanizados

☞ **HILO CONDUCTOR**

Manuel ya domina los materiales, lee símbolos y entiende la lógica de las WPS. Pero para que esas soldaduras sean perfectas, la unión debe empezar impecable. Ahora, Manuel se centra en la supervisión de bordes: la habilidad de conformar y preparar las piezas con una precisión milimétrica.

Para él, esto significa mucho más que un simple corte. Ha estudiado y ahora aplica a la perfección los métodos de conformado por corte térmico. Ya sea usando el calor intenso del oxicorte para grandes espesores, la velocidad y precisión del corte por plasma o la finura del corte láser para acabados de alta calidad, Manuel sabe cómo cada técnica influye en el borde. Entiende que, si bien son eficientes, estos cortes pueden dejar rebabas o una zona afectada por el calor que necesita atención.

Por eso Manuel complementa el corte térmico con pequeños mecanizados. Utiliza amoladoras angulares con la destreza de un cirujano para eliminar óxidos y rebabas o máquinas de biselado para refinar la geometría del chaflán a la perfección. Sabe que cada milímetro en el ángulo o en el talón es crítico para el éxito de la soldadura.

Esta fase es donde la teoría se encuentra con la práctica más fina. Manuel no solo corta; supervisa y ajusta cada borde, asegurando que la pieza esté lista para recibir la soldadura con la geometría exacta y la limpieza necesaria. Es esta atención al detalle en la preparación del material lo que permite que sus soldaduras alcancen un nivel superior de calidad y durabilidad.

- -

La **supervisión de bordes** en la preparación para soldadura es una fase crítica que va mucho más allá de un simple corte. Implica un estudio profundo y una aplicación meticulosa de diversos métodos de conformado, tanto térmicos como mecánicos, para asegurar que las superficies que unir cumplan con la geometría, limpieza y calidad superficial requeridas para una soldadura óptima. Es el primer paso para garantizar la integridad estructural y la precisión dimensional de la pieza final.

2.1. Estudio y aplicación de métodos de conformado por corte térmico

Los métodos de corte térmico utilizan el calor para fundir y separar el material, siendo herramientas de gran versatilidad y eficiencia para dar la forma inicial a las piezas, especialmente en espesores considerables.

Oxicorte *(oxyfuel cutting)*

Es uno de los métodos más antiguos y económicos, ideal para cortar aceros al carbono de grandes espesores. Consiste en calentar el metal a su temperatura de ignición con una llama de gas combustible (acetileno, propano) y luego inyectar un chorro de oxígeno puro que oxida y expulsa el metal fundido. Requiere una buena pericia del operador para mantener la velocidad y la distancia adecuadas, ya que los bordes pueden quedar con **rebabas (escoria)** y una **zona afectada por el calor (ZAC)** considerable, que puede endurecer el material y requerir un posterior tratamiento o limpieza.

Al elegir entre acetileno y propano para el oxicorte, es fundamental entender sus diferencias clave en cuanto a temperatura, rendimiento, costo y seguridad. Cada gas tiene sus propias ventajas y desventajas que lo hacen más o menos adecuado para ciertas aplicaciones.

Aquí una comparativa detallada:

Característica	Acetileno (C_2H_2)	Propano (C_3H_8)
Temperatura de llama (con oxígeno)	**Más alta (aprox. 3.160-3.480 °C)**	**Más baja (aprox. 2.327-2.800 °C)**
Concentración de calor	**Llama primaria muy concentrada y caliente.** Ideal para un precalentamiento rápido y punzante.	**Llama secundaria más larga y dispersa.** El calor se distribuye en un área mayor.
Velocidad de precalentamiento/ arranque	**Más rápido.** Debido a su llama altamente concentrada, el material alcanza la temperatura de ignición de forma muy veloz.	**Más lento.** La llama es menos concentrada, lo que ralentiza el inicio del corte, especialmente en materiales gruesos.

Continúa en página siguiente >>

<< Viene de página anterior

Característica	Acetileno (C_2H_2)	Propano (C_3H_8)
Velocidad de corte	**Generalmente más rápido** en materiales delgados a medios. También puede ser más rápido en algunos espesores gruesos.	**Más lento en el inicio,** pero puede ser más eficiente o comparable en **materiales muy gruesos** una vez que el corte está en marcha.
Calidad de corte	Produce un **corte más limpio y estrecho** con una zona afectada por el calor (ZAC) relativamente menor. Menos rebabas en espesores finos.	Puede producir un **corte más áspero** y con más **rebabas (escoria),** especialmente en el inicio. La ZAC puede ser mayor debido al mayor volumen de gas de precalentamiento.
Consumo de oxígeno	Requiere **menos oxígeno de corte** en comparación con el propano, una vez que el corte se inicia.	Requiere **más oxígeno de corte** que el acetileno, ya que la combustión del propano necesita más O_2. Esto puede aumentar el coste total del gas.
Retroceso de llama (*flashback*)	**Mayor riesgo** de retroceso de llama y explosión a altas presiones, debido a su inestabilidad química a presiones elevadas. Requiere reguladores y dispositivos de seguridad específicos.	**Menor riesgo** de retroceso de llama; es más estable. Puede almacenarse a presiones más altas.
Costo del gas	**Generalmente más caro** por volumen y por unidad de energía calórica.	**Generalmente más económico** por volumen y por unidad de energía calórica.
Almacenamiento y manipulación	Se disuelve en acetona dentro de los cilindros por seguridad, lo que limita la presión de salida. Cilindros más pesados para el mismo volumen de gas usable.	Se almacena como gas licuado de petróleo (GLP), lo que permite mayor volumen en cilindros más ligeros. Presiones de trabajo más altas.
Versatilidad	Permite **soldar** (soldadura oxiacetilénica) y realizar calentamiento localizado para doblar o enderezar.	No se utiliza para soldar (solo para corte y calentamiento). Su llama más dispersa no es ideal para soldaduras de precisión o para calentamiento localizado intenso.

¿Cuál elegirías?

➲ **Acetileno:** es la mejor opción cuando se necesita un precalentamiento muy rápido (por ejemplo, para perforar agujeros iniciales) y cortes de alta precisión en materiales delgados a medios. También es indispensable si se va a realizar soldadura oxiacetilénica o calentamientos localizados intensos. Su principal desventaja es el coste y el riesgo de seguridad a altas presiones.

○ **Propano:** es más adecuado para cortes largos y rectos en materiales muy gruesos una vez que el precalentamiento ha terminado. Es más económico y seguro de almacenar. Es una buena opción para trabajos donde el costo y la seguridad son prioritarios y la velocidad de inicio no es un factor crítico, o cuando el material es muy grueso y la eficiencia de la llama secundaria más grande se vuelve ventajosa.

En la práctica, muchos talleres tienen equipos para ambos gases o utilizan **gas natural** como alternativa económica al propano en aplicaciones de corte automatizado. La elección final siempre dependerá del tipo de material, su espesor, la calidad de corte requerida, la velocidad deseada y las consideraciones económicas y de seguridad.

Equipo de oxicorte con manorreductores (© Fotografía: Katarzyna Ledwon / Shutterstock.com)

Corte por plasma *(plasma cutting)*

Utiliza un chorro de gas ionizado a alta temperatura (plasma) para fundir y cortar metales conductores. Es más rápido y preciso que el oxicorte, genera menos ZAC y es apto para una variedad más amplia de metales, incluyendo aceros inoxidables y aluminio.

Ofrece un corte más limpio, pero aún puede dejar una ligera capa de óxido y rebabas que necesitan ser eliminadas.

Corte láser *(laser cutting)*

Es el método de corte térmico más preciso y con el mejor acabado. Un rayo láser de alta potencia funde y/o vaporiza el material, asistido por un gas de arrastre. Produce cortes muy estrechos, con una ZAC mínima y casi sin rebabas.

Es ideal para chapa fina y media y materiales que requieren alta precisión, aunque su coste inicial es más elevado.

Corte por plasma de grandes espesores

Corte por chorro de agua *(waterjet cutting)*

Aunque no es estrictamente un método "térmico" (ya que usa agua a alta presión, a menudo con abrasivos), se menciona a veces en este contexto por su capacidad de cortar cualquier material sin afectar térmicamente la ZAC.

Ofrece un acabado excelente, pero es más lento.

Corte de metales mediante chorro de agua a presión

La supervisión de estos métodos implica no solo elegir el correcto según el material y el espesor, sino también **controlar los parámetros de la máquina** para minimizar las deformaciones y la ZAC y asegurar que el corte sea lo más recto o con el ángulo más preciso posible.

 **APLICACIÓN PRÁCTICA**

Pongámonos a prueba. Tenemos que realizar una preparación de un borde de una chapa de 20 mm de espesor, estamos a pie de obra y nos piden realizar un corte para que las medidas del plano sean correctas. ¿Qué métodos utilizarías?

Solución

Para cortar una chapa de **20 mm a pie de obra** y preparar su borde según el plano, las opciones principales son el **oxicorte o el corte por plasma:**

1. **Oxicorte:** es la opción más común y portátil. Se utiliza una llama de precalentamiento (propano/acetileno + oxígeno) hasta 900 °C, seguida de un chorro de oxígeno puro para cortar. Después, se usa una **amoladora angular** para eliminar rebabas y **biselar el borde** (por ejemplo, chaflán en V de 60-70° con talón de 2-3 mm), según las medidas del plano.
2. **Corte por plasma:** si se dispone del equipo (máquina, compresor de aire y energía), es más rápido y preciso. Un chorro de plasma a altísimas temperaturas (hasta 30.000 °C) funde el metal. Tras el corte, también se necesita la **amoladora angular** para limpiar y dar el bisel final.

Ambos métodos requieren una limpieza y biselado posterior con amoladora para asegurar una preparación de borde correcta y una soldadura de calidad.

- -

2.2. Estudio y aplicación de pequeños mecanizados

Una vez realizado el corte térmico o en piezas que requieren una mayor precisión o un acabado superficial específico, entran en juego los pequeños mecanizados. Estos procesos refinan los bordes y les dan la geometría exacta para la soldadura. Veamos los métodos más comunes:

⊃ **Esmerilado/amolado:** se realiza con amoladoras angulares (radiales) y discos abrasivos. Es fundamental para:

○ **Eliminar rebabas y escoria** dejadas por el corte térmico.

○ **Limpiar superficies:** quitar óxidos, pinturas, grasas y cualquier contaminante de los bordes y zonas adyacentes a la unión (generalmente unos 20-30 mm a cada lado). Esta limpieza es crucial para prevenir defectos en la soldadura como porosidad e inclusiones.

○ **Crear biseles o chaflanes pequeños:** para espesores delgados o para refinar los biseles ya hechos por corte térmico; el esmerilado manual permite dar el ángulo deseado.

○ **Refinar el talón (cara de raíz):** asegurar que el talón tenga la dimensión precisa y sea uniforme.

El ajuste final para su afinado es esencial para la protección de los operarios.

➲ **Biselado mecánico (con biseladoras o fresadoras):** para piezas de mayor volumen o cuando se requiere una precisión muy alta y repetibilidad en la preparación de chaflanes (en V, U, J), se utilizan máquinas biseladoras o fresadoras específicas. Estas máquinas arrancan viruta de forma controlada, dejando un acabado de borde superior, con ángulos y talones exactos, y una ZAC mínima o inexistente. Son ideales para producción en serie y para metales que no toleran bien el calor del corte térmico.

➲ **Cepillado de alambre:** utiliza cepillos rotatorios de alambre para limpiar y pulir los bordes, eliminando óxidos ligeros y mejorando la superficie. Es muy común en aceros inoxidables para evitar la contaminación cruzada con herramientas de acero al carbono.

El cepillado y la limpieza de las piezas antes de su soldeo son imprescindibles.

2.3. La importancia de la supervisión

La **supervisión de bordes** no es solo ejecutar las operaciones, sino garantizar que cada borde cumpla con las especificaciones del plano y la WPS. Implica:

Control dimensional	- Verificar constantemente los ángulos, profundidades del chaflán, dimensiones del talón y la abertura de raíz.
Calidad superficial	- Asegurarse de que los bordes estén libres de óxidos, suciedad y defectos que puedan comprometer la soldadura.
Selección de herramientas	- Elegir la herramienta y el método adecuado para cada material y tipo de preparación, considerando los riesgos y aplicando las medidas de seguridad pertinentes.

Una preparación de bordes deficiente es una de las principales causas de defectos en la soldadura (falta de penetración, fusión incompleta, porosidad, distorsión), lo que lleva a costosos retrabajos y compromete la integridad de la estructura. Por ello, la supervisión y maestría en esta fase son habilidades indispensables para cualquier profesional de la soldadura.

 **VÍDEO**

En este vídeo podréis observar los diferentes tipos de unión que os podéis encontrar en la fabricación metálica y una muestra de las preparaciones de bordes más habituales dentro de las uniones "a tope".

https://redirectoronline.com/uf29980201

3. Equipo y herramientas para la preparación: tipos, componentes, características, riesgos y medidas de seguridad

 HILO CONDUCTOR

Manuel ya no solo corta; ahora domina la supervisión de bordes, sabiendo que el éxito de una soldadura comienza mucho antes de encender el arco. Pero para lograr esa precisión en la preparación, necesita manejar a la perfección a sus compañeros inseparables: las herramientas y los equipos.

Para Manuel, cada máquina en el taller ya no es un misterio. Ha estudiado a fondo los tipos de equipo y herramientas de preparación, desde las potentes cizallas y las precisas máquinas de biselado hasta las versátiles amoladoras y los cepillos de alambre especializados. Conoce los componentes internos de cada una, cómo funcionan y cuáles son sus características que las hacen ideales para diferentes tareas.

Lo más importante: Manuel es plenamente consciente de los riesgos inherentes a cada herramienta. Sabe que un disco de amoladora girando a miles de

Continúa en página siguiente >>

[80]

<< Viene de página anterior

revoluciones o una llama de oxicorte requieren respeto y precaución. Por eso aplica rigurosamente todas las medidas de seguridad: guantes adecuados, protección ocular y facial, ropa de trabajo resistente y la postura correcta. Para Manuel, la seguridad no es una opción, sino una parte integral de la maestría.

Ahora, con este conocimiento profundo de sus herramientas, Manuel no solo prepara el material; lo hace de forma segura, eficiente y con la máxima precisión, asegurando que cada pieza esté impecable y lista para la soldadura de calidad que ya domina. Su control sobre el equipo es tan vital como su destreza con el soplete.

La preparación del material base antes de soldar es tan crucial como la soldadura misma. Esta fase depende en gran medida del **uso adecuado de equipos y herramientas específicas.** Un soldador experto como Manuel no solo sabe manejar el soplete, sino que domina las herramientas que le permiten transformar el metal en piezas perfectas para la unión.

3.1. Tipos de equipo y herramientas para la preparación

La preparación impecable de los bordes para la soldadura es tan crítica como la soldadura misma. Para lograr uniones de calidad superior, es esencial dominar las diversas herramientas y equipos diseñados para el corte y el acabado de los metales.

Vamos a explorar qué maquinaria y utensilios son fundamentales para conformar las piezas con la precisión requerida antes de cualquier proceso de unión.

Cizallas: componentes y características esenciales

Las cizallas, manuales o automáticas, cortan metal mediante cizallamiento entre dos cuchillas.

Sus componentes clave son:

- **Cuchillas:** fijas (inferior) y móviles (superior), de acero duro y afiladas. Su ángulo *(rake angle)* y holgura *(blade gap)* son cruciales y ajustables para la calidad del corte y el espesor del material.

- **Mecanismo de accionamiento:** proporciona la fuerza. Puede ser manual (palancas), mecánico (motor y engranajes) o hidráulico (cilindros de presión), siendo este último el más potente y preciso.
- **Sistema de sujeción:** pisones que sujetan la chapa firmemente para cortes rectos.
- **Tope trasero:** posiciona la chapa para cortes a medida, a menudo motorizado y con control CNC.
- **Sistema de control:** botones, pedales y paneles (PLC/HMI) para operar y programar.
- **Dispositivos de seguridad:** protectores fijos, barreras de luz y botones de parada de emergencia para prevenir accidentes.

Sus características relevantes son:

- **Capacidad de corte:** espesor y longitud máximos de chapa.
- **Precisión de corte:** rectitud y limpieza del borde.
- **Velocidad de corte:** rapidez operativa.
- **Movimiento de cuchilla:** guillotina (vertical) o péndulo/viga oscilante (arco).
- **Ajustes:** de holgura y ángulo de corte, vitales para la calidad y distorsión.
- **Sistema de alimentación:** manual, mecánico, hidráulico/neumático.
- **Control CNC:** para automatización de ajustes y ciclos.

Comprender estos elementos es esencial para operar la cizalla de forma segura y eficiente.

La cizalla es uno de los mejores sistemas de corte para su limpieza y precisión.

Sierras: corte preciso de perfiles y tubos

Las **sierras para metal** son herramientas indispensables en la preparación de materiales para soldadura, diseñadas específicamente para realizar **cortes precisos y limpios en perfiles y tubos.**

Existen principalmente dos tipos:

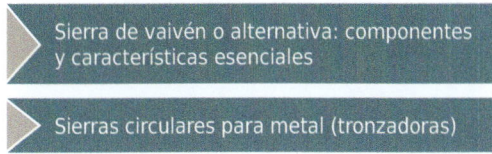

Sierra de vaivén o alternativa: componentes y características esenciales

Sierras circulares para metal (tronzadoras)

NOTA

A diferencia de las cizallas que separan el material por cizallamiento, las sierras lo hacen por remoción de viruta, lo que resulta en un corte más limpio y con menor deformación, ideal para preparaciones de borde que requieren alta calidad.

Sierra de vaivén o alternativa: componentes y características esenciales

Las sierras de vaivén (alternativas) son herramientas eléctricas versátiles que cortan materiales mediante el movimiento de "ida y vuelta" de su hoja. Son ideales para demolición, cortes en espacios reducidos o a pie de obra.

Sus componentes clave son los siguientes:

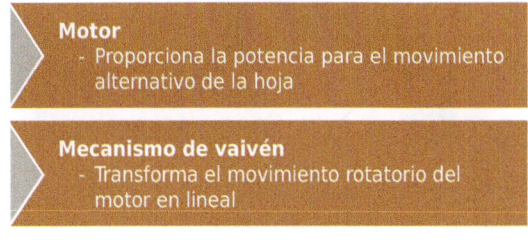

Motor
- Proporciona la potencia para el movimiento alternativo de la hoja

Mecanismo de vaivén
- Transforma el movimiento rotatorio del motor en lineal

Continúa en página siguiente >>

[83]

<< Viene de página anterior

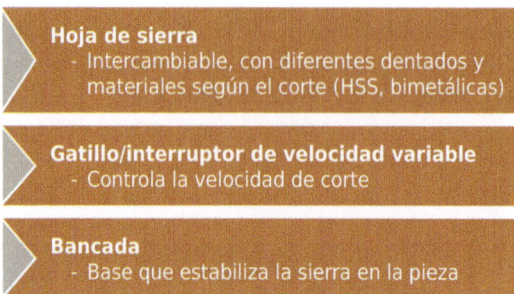

Hoja de sierra
- Intercambiable, con diferentes dentados y materiales según el corte (HSS, bimetálicas)

Gatillo/interruptor de velocidad variable
- Controla la velocidad de corte

Bancada
- Base que estabiliza la sierra en la pieza

Sus características clave son las siguientes:

- **Versatilidad:** corta múltiples materiales (metal, madera, plástico) cambiando la hoja.
- **Capacidad de corte:** permiten cortar grandes espesores
- **Control de velocidad:** ajustable al material para optimizar el corte.

Sus riesgos y medidas de seguridad son:

- **Riesgos:** cortes, proyección de virutas, vibraciones, descarga eléctrica y atrapamiento.
- **Medidas de seguridad:** usar **EPI** obligatorios (gafas, guantes, protección auditiva), sujetar firmemente la pieza, usar la hoja adecuada, mantener la sierra y el área limpias e inspeccionar la hoja antes de usarla.

El sistema más ideal para grades espesores y perfiles de mayor tamaño.

Sierras circulares para metal (tronzadoras)

Las **sierras circulares para metal** (o tronzadoras) utilizan una hoja de sierra giratoria a alta velocidad para cortar metal, siendo comunes en versiones portátiles o de banco.

Sus componentes clave son los siguientes:

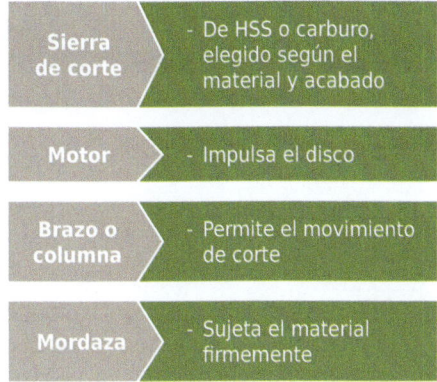

Siendo sus características:

- ◗ **Rapidez:** muy eficientes para cortes rectos y repetitivos.
- ◗ **Cortes en ángulo:** capacidad de realizar cortes inclinados.
- ◗ **Acabado:** las sierras de disco en frío ofrecen cortes limpios, mientras que las tronzadoras abrasivas son más rápidas pero generan más calor y rebabas.

En cuanto a riesgos y seguridad hay que tener en cuenta lo siguiente:

- ◗ **Riesgos:** cortes, proyección de partículas (virutas, chispas), atrapamiento, ruido y quemaduras.
- ◗ **Medidas de seguridad**: usar EPI (gafas, protectores auditivos, guantes ajustados), sujetar firmemente la pieza, mantener protectores en su lugar, usar discos en buen estado, asegurar ventilación y desconectar la máquina para mantenimiento.

La versatilidad que poseen estas herramientas las hace de las más imprescindibles en un taller.

3.2. Máquinas de oxicorte

Las **máquinas de oxicorte** son equipos fundamentales en talleres y fábricas para el corte de metales, especialmente **aceros al carbono de espesores considerables.** Su funcionamiento se basa en una reacción química controlada de oxidación, asistida por calor. No se trata solo de "quemar" el metal, sino de un proceso preciso que requiere habilidad y el equipo adecuado.

Trabajos de oxicorte para grades espesores

El proceso de oxicorte se desarrolla en dos etapas principales:

Precalentamiento
- Una llama de **gas combustible** (comúnmente acetileno o propano, mezclado con oxígeno) calienta la zona del metal que cortar hasta su **temperatura de ignición** (alrededor de 900 °C para aceros al carbono). Esta llama prepara el metal para la oxidación.

Corte por oxidación
- Una vez alcanzada la temperatura de ignición, se libera un **chorro de oxígeno puro a alta presión** directamente sobre el metal caliente. Este chorro provoca una rápida **oxidación** del acero (el metal arde) y, al mismo tiempo, expulsa el óxido fundido y el metal líquido fuera de la ranura de corte, creando así la separación.

Los componentes clave de una máquina de oxicorte son los siguientes:

1. **Soplete de oxicorte:**

   ☻ **Boquilla:** diseñada con orificios concéntricos. Los orificios externos dirigen el gas de precalentamiento y el orificio central emite el chorro de oxígeno de corte. Existen boquillas específicas para acetileno y para propano/otros gases y para diferentes espesores.
   ☻ **Válvulas de control:** para regular el flujo de oxígeno de precalentamiento, gas combustible y oxígeno de corte.
   ☻ **Cuerpo del soplete:** donde se mezclan los gases y se conectan las mangueras.

2. **Reguladores de presión:**

   ☻ Se instalan en cada botella de gas (oxígeno y combustible) para reducir la alta presión del cilindro a una presión de trabajo segura y constante necesaria para el soplete.

3. **Mangueras:**

   ☻ Mangueras de alta presión codificadas por color (normalmente **roja para gas combustible, azul para oxígeno** y a veces **naranja para gas inerte/propano en sistemas GLP**) que transportan los gases desde las botellas hasta el soplete.

4. **Válvulas antirretorno (arrestallamas/válvulas de seguridad):**

   ◊ Componentes de seguridad críticos instalados en las líneas de gas (cerca de los reguladores y/o el soplete). Su función es **prevenir el retroceso de llama** *(flashback)*, impidiendo que la llama viaje de vuelta por las mangueras hasta las botellas, lo que podría causar una explosión.

5. **Cilindros de gas:**

   ◊ Botellas a presión que contienen el oxígeno y el gas combustible. Deben almacenarse y manipularse de forma segura, sujetas y protegidas. Las botellas se distinguen por códigos de colores.

6. **Carros de corte (opcional, para corte automático):**

   ◊ Para cortes más rectos y uniformes, especialmente en chapas largas, el soplete se puede montar en un carro motorizado que avanza a una velocidad constante sobre rieles. Esto mejora significativamente la precisión y la calidad del corte respecto al corte manual.

 PARA SABER MÁS

En este enlace se pueden ver actualizados los códigos de colores que se utilizan para distinguir el contenido de las botellas cilíndricas en la industria.

https://redirectoronline.com/uf29980202

Sus características más relevantes son las siguientes:

◗ **Capacidad de corte:** permite cortar aceros al carbono de decenas a cientos de milímetros de espesor, incluso superando los 300 mm en equipos industriales.

- **Velocidad de corte:** es más lento que el plasma o el láser, pero muy eficiente para materiales gruesos.
- **Calidad del borde:** los cortes presentan una zona afectada por el calor (ZAC) considerable y pueden dejar rebabas o escoria, requiriendo desbaste posterior y afectando las propiedades del material.
- **Coste:** es una de las tecnologías de corte más económicas en inversión y consumibles.
- **Portabilidad:** los equipos manuales son relativamente portátiles, ideales para uso en obra.

Entre sus riesgos y medidas de seguridad se debe tener en cuenta lo siguiente:

- **Riesgos:** incendio y explosión (fugas, retroceso de llama), quemaduras, proyección de partículas, inhalación de humos y gases tóxicos y exposición a radiación UV.
- **Medidas de seguridad:**

  - EPI obligatorios: gafas o pantallas de protección, guantes de soldador, ropa ignífuga, calzado de seguridad.
  - Válvulas antirretorno: esenciales para prevenir retrocesos de llama.
  - Revisión de fugas y almacenamiento seguro de cilindros.
  - Asegurar buena ventilación y tener extintores a mano.
  - Mantener el área de trabajo limpia de inflamables y seguir el orden correcto de encendido/apagado.

Los EPI en los trabajos de oxicorte son de uso obligado.

ACTIVIDAD COMPLEMENTARIA

7. Imagina a Manuel, el soldador, preparándose para una jornada de oxicorte. Su tarea principal es identificar correctamente las botellas de gas para asegurar un proceso seguro y eficiente. Para ello debe conocer el código de colores internacional de las botellas de gas de uso industrial. ¿Cómo lo harías?

3.3. Máquinas de corte por plasma: corte preciso a altas temperaturas

Las máquinas de corte por plasma son una tecnología avanzada para cortar metales, destacando por su velocidad, precisión y versatilidad. Utilizan un gas a alta temperatura y eléctricamente conductivo para fundir y expulsar el material.

Sus componentes clave son los siguientes:

- **Fuente de alimentación:** convierte la corriente eléctrica para generar el arco de plasma. Funciona con corriente continua y polaridad directa.
- **Antorcha de plasma:** contiene el electrodo y la boquilla que concentra el chorro de plasma. Los consumibles (electrodo y boquilla) son reemplazables.
- **Sistema de suministro de gas:** controla el tipo y la presión del gas (aire comprimido, nitrógeno, argón, etc.).
- **Sistema de refrigeración:** (en antorchas de alta potencia) protege la antorcha del calor extremo.

Sus características más relevantes son las siguientes:

- **Velocidad de corte:** muy rápido, especialmente en chapas finas a medias.
- **Versatilidad de materiales:** corta cualquier metal conductor (aceros, aluminio, cobre, etc.).
- **Calidad del corte:** más limpio y preciso que el oxicorte, con menor zona afectada por el calor (ZAC).
- **Capacidad de espesor:** corta desde chapas finas (0,5 mm) hasta espesores considerables (más de 50 mm).
- **Portabilidad:** existen unidades manuales portátiles.

- **Automatización:** se integra en mesas CNC y robots.
- **Capacidad de perforación:** puede perforar agujeros directamente.

Entre sus riesgos y medidas de seguridad se encuentran las siguientes:

- **Riesgos:** descarga eléctrica, radiación UV/IR, inhalación de humos y gases tóxicos, ruido, quemaduras y proyección de metal fundido.
- **Medidas de seguridad:**

  - EPI obligatorios: casco con filtro, guantes de cuero, ropa ignífuga, protección auditiva y respiratoria.
  - Ventilación y extracción de humos.
  - Conexión a tierra.
  - Área de trabajo limpia.
  - Manejo seguro de gases.
  - Mantenimiento preventivo.

NOTA

Las máquinas de corte por plasma son herramientas poderosas para cortes de alta calidad en diversas aplicaciones industriales, siempre que se tomen las precauciones adecuadas.

La versatilidad del corte por plasma lo convierte en el sistema más preciso y rápido.

3.4. Máquinas de corte láser/chorro de agua

Estas tecnologías representan la vanguardia en corte, ofreciendo precisión y acabado superiores.

Corte láser

Utilizan un rayo láser de alta potencia (CO_2 o fibra) y un gas de asistencia para fundir o vaporizar el material. Producen cortes extremadamente finos y precisos con una zona afectada por el calor (ZAC) mínima, reduciendo la distorsión.

Son versátiles para metales y no metales y muy rápidas en chapas finas/medias. Sus componentes clave incluyen el resonador láser, el sistema óptico y el cabezal de corte CNC. El riesgo principal es la radiación láser (daño ocular), requiriendo recintos cerrados y gafas de protección láser específicas, además de extracción de humos.

Es el sistema más preciso y de mayor coste

Corte por chorro

Cuando hablamos de estas máquinas debemos saber que no conllevan un corte térmico, sino un sistema de abrasión y presión combinado.

Cortan el material con un chorro de agua a ultra alta presión, a menudo mezclado con abrasivo.

Su ventaja principal es la ausencia total de ZAC, eliminando deformaciones térmicas. Pueden cortar prácticamente cualquier material (metales, piedra, vidrio, composites) y en grandes espesores, dejando bordes muy limpios.

Los componentes esenciales son la bomba de ultra alta presión y el cabezal de corte.

IMPORTANTE

El riesgo más crítico es el chorro a alta presión (riesgo de amputación), lo que exige recintos de seguridad, formación rigurosa y EPI adecuados.

Este sistema solo es posible industrialmente.

3.5. Herramientas de conformado y biselado

Las herramientas de conformado y biselado son clave para preparar los bordes del metal antes de soldar, asegurando la geometría de la ranura.

Amoladoras angulares (radiales)

En el taller de soldadura, la **radial o amoladora angular** es una herramienta multifuncional indispensable: desde el desbaste de material y el corte de piezas hasta la preparación de biseles y la limpieza de superficies. Veamos sus características:

- **Tipo:** herramientas eléctricas portátiles y versátiles.
- **Características:** usan discos abrasivos para desbastar, limpiar y crear biseles manuales. Son portátiles y ofrecen control directo.
- **Riesgos:** proyección de partículas, cortes y amputaciones, ruido y vibraciones.
- **Medidas de seguridad:** uso de EPI (gafas, guantes, pantalla facial, protectores auditivos) y asegurar la pieza y el protector del disco.

Biseladoras mecánicas

Las biseladoras automáticas representan un avance significativo en la preparación de bordes para soldadura, transformando un proceso manual y a menudo laborioso en una operación de alta precisión y eficiencia. Estas máquinas, diseñadas para crear chaflanes uniformes y consistentes, son esenciales en la producción moderna, donde la calidad repetitiva y la optimización del tiempo son clave. **Veamos algunos aspectos claves:**

- **Tipo:** máquinas especializadas (automáticas/semiautomáticas) que crean chaflanes precisos usando fresas o cuchillas.
- **Características:** ofrecen alta precisión y repetibilidad en ángulos y dimensiones del bisel, con acabados limpios y mínima ZAC. Son eficientes para grandes volúmenes.
- **Riesgos:** atrapamiento, proyección de virutas, ruido.
- **Medidas de seguridad:** protecciones de seguridad (cubiertas, enclavamientos), EPI y formación específica.

Ejemplo de su versatilidad sobre las tuberías

NOTA

Estas herramientas son esenciales para preparar los bordes con la geometría precisa (ángulo, profundidad, talón, radio, abertura de raíz) que garantiza soldaduras de alta calidad y sin defectos.

Herramientas de limpieza

Las herramientas de limpieza en soldadura son esenciales para garantizar la calidad y resistencia de las uniones. Los sistemas más usuales son:

- **Cepillos de alambre:** para eliminar óxido ligero, escamas y suciedad superficial. Pueden ser manuales o acoplados a amoladoras.
- **Esmeriladoras de banco:** para afilar herramientas o limpiar pequeñas piezas.
- **Productos químicos desengrasantes/decapantes:** para eliminar grasas, aceites o capas de óxido persistentes.

Herramientas de medición y marcaje

Las herramientas de medición y marcaje son esenciales en soldadura para guiar cortes, ensambles y asegurar que las piezas cumplan con las dimensiones y tolerancias exactas del diseño, garantizando la precisión del producto final. Veamos algunos tipos:

- **Cintas métricas, reglas, calibres:** para la medición de longitudes y espesores.
- **Escuadras, transportadores de ángulos:** para verificar la perpendicularidad y los ángulos de los biseles.
- **Gramiles, compases:** para trazar líneas y círculos.
- **Esteatita, rotuladores industriales:** para marcar las líneas de corte o las zonas de soldadura.

APLICACIÓN PRÁCTICA

Manuel se enfrenta a un desafío común en el taller: necesita cortar una pieza cuadrada de 250 mm x 250 mm con 8 mm de espesor de una chapa más grande de 2.000 mm x 1.000 mm y 8 mm de espesor. La clave aquí es la exigencia de precisión y limpieza en el corte.

¿Cómo procedería Manuel para lograr un corte impecable?

Solución

Optaría por:

- Corte por plasma: es rápido y preciso para 8 mm, con menor ZAC y rebabas. Manuel usaría esteatita para marcar con exactitud y una guía recta para cortar. Después, emplearía una amoladora angular para limpiar cualquier escoria o capa de óxido.
- Cizalla: si el tamaño de la pieza y la capacidad de la máquina lo permiten, esta sería la opción más limpia y directa, sin ZAC ni rebabas. Manuel ajustaría la holgura de las cuchillas y el tope trasero para la máxima precisión.
- Corte por oxicorte: es rápido y preciso, si no se dispone de otro medio eléctrico para 8 mm, con mayor ZAC y rebabas. Manuel usaría esteatita para marcar con exactitud y una guía recta para cortar. Después, emplearía una amoladora angular para limpiar cualquier escoria o capa de óxido.

---

4. Características de los bordes: geometría, ángulo y profundidad del chaflán o bisel, dimensiones del talón, radio y abertura de la raíz

☞ HILO CONDUCTOR

Manuel ya es un experto con las herramientas, cortando y limpiando los metales como un maestro. Pero ahora, para llevar sus soldaduras al siguiente

Continúa en página siguiente >>

<< Viene de página anterior

nivel, debe entender que la perfección está en los detalles más pequeños: las características de los bordes.

Para él, no basta con un corte limpio; es vital la geometría de ese borde. Manuel ahora presta atención a cada ángulo y profundidad del chaflán o bisel, sabiendo que un chaflán en V de 60° para una chapa gruesa no es lo mismo que un bisel en J para otro material. Ha aprendido que cada milímetro cuenta en las dimensiones del talón (la cara de raíz), ese pequeño "escalón" que controla la penetración, y en el radio de las preparaciones curvas, que asegura una transición suave del metal.

Lo más crucial es la abertura de la raíz, ese pequeño espacio entre las piezas. Manuel sabe que el *gap* correcto es la puerta de entrada para la fusión inicial y que un milímetro de más o de menos puede arruinar una soldadura perfecta.

Al dominar la geometría de los bordes, Manuel se asegura de que cada unión tenga la "fundación" ideal. Es un detalle minúsculo, pero es lo que permite que el metal fundido fluya perfectamente, que la penetración sea la justa y que la soldadura final sea no solo fuerte, sino impecable y sin defectos. Para Manuel, la calidad empieza en el filo del bisel.

La preparación de los bordes de las piezas que soldar es una de las etapas más críticas en la fabricación metálica. La geometría de estos bordes no es aleatoria; está meticulosamente diseñada para asegurar una fusión completa, controlar la penetración, minimizar defectos y gestionar la distorsión. Un soldador experto como Manuel entiende que el éxito de una unión empieza mucho antes de encender el arco, precisamente en la forma y las dimensiones de la superficie que soldar.

4.1. Geometría del chaflán o bisel

La **geometría** del borde se refiere a la forma en que el metal se ha cortado o mecanizado para crear un "surco" o "canal" donde se depositará el metal de aporte. Las formas más comunes incluyen:

- **Bisel en V (*single V-groove*):** la forma más común, donde se crea un bisel en un solo lado de cada pieza. Cuando se juntan, forman una "V".
- **Bisel en doble V (*double V-groove*):** se biselan ambos lados de las dos piezas, formando una "X" o doble "V" cuando se unen. Ideal para materiales

muy gruesos (a partir de 20 mm), ya que reduce la cantidad de metal de aporte necesario y ayuda a equilibrar las tensiones y la distorsión.

⊃ **Bisel en J** *(single J-groove):* un lado es recto y el otro tiene una forma curvada, similar a una "J". Se usa para reducir el volumen de soldadura en espesores medios a gruesos.

⊃ **Bisel en U** *(single U-groove):* similar al "J", pero con una curva más amplia en la parte inferior, formando una "U". Aún más eficiente en la reducción de volumen de soldadura para materiales muy gruesos.

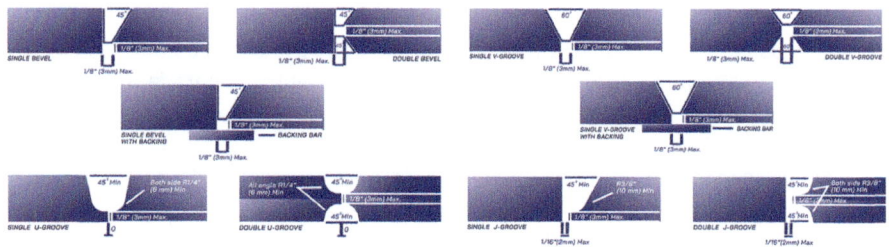

Chaflanes con formas distintas: V, X, J, U, doble V, doble J, doble U.

⊃ **Bordes rectos:** solo se usa para chapas delgadas (hasta 6-8 mm), donde el arco puede asegurar una penetración completa sin necesidad de biselar.

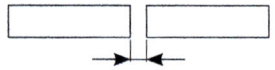

La elección de la geometría depende del **espesor del material,** el **proceso de soldadura** y los requisitos de **penetración y resistencia** de la unión.

Dimensiones del talón (a)

El **talón** (también llamado cara de raíz o *root face)* es la pequeña parte plana sin biselar que se deja en la base o el fondo del chaflán. Veamos qué objetivos se buscan con esta práctica:

⊃ **Importancia:** actúa como una **plataforma de soporte** para el primer cordón (cordón de raíz), ayudando a:

- ◑ **Controlar la penetración:** evita que el metal de aporte se "cuelgue" o penetre excesivamente, lo que podría debilitar la unión o causar un quemado.
- ◑ **Estabilizar el arco:** proporciona una base uniforme para iniciar la soldadura.
- ◑ **Reducir el volumen de soldadura:** al no biselar hasta una punta fina, se reduce ligeramente el metal de aporte necesario.

➲ **Dimensiones típicas:** varían generalmente entre 1,0 mm y 3,0 mm, dependiendo del espesor del material y, crucialmente, del proceso de soldadura.

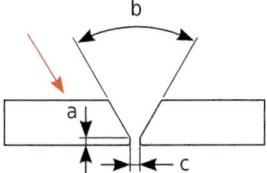

Ángulo y profundidad del chaflán o bisel (b)

El ángulo del chaflán/bisel (ángulo de ranura incluido) es el ángulo total que forman las dos superficies biseladas de la unión cuando las piezas están preparadas y ajustadas. Por ejemplo, en un bisel en V simple, si cada borde se corta a 30°, el ángulo incluido será de 60°. Veamos qué objetivos se buscan con esta práctica:

➲ **Importancia:** un ángulo adecuado asegura que el soldador tenga suficiente acceso al fondo de la ranura para lograr una penetración completa y que el metal de aporte pueda fluir y fusionarse correctamente con los bordes. Un ángulo demasiado pequeño dificulta el acceso y aumenta el riesgo de falta de fusión. Un ángulo demasiado grande aumenta el volumen de soldadura, el aporte de calor, la distorsión y el costo.

- ◑ **Rangos típicos:** suelen oscilar entre **60° y 70°** para la mayoría de los biseles en V en aceros y aluminios.

➲ **Profundidad del chaflán/bisel:** es la distancia desde la superficie superior de la pieza hasta el punto donde termina el bisel y comienza el talón.

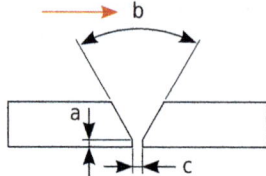

Abertura de la raíz (c)

La abertura de la raíz (o *root gap*) es la distancia libre entre los talones de las dos piezas que se van a unir, una vez que están posicionadas y ajustadas. Veamos sus características y objetivos:

➲ **Importancia:** junto con la altura del talón, es fundamental para:

- ۵ Asegurar la penetración completa: permite que el metal de aporte fluya y se fusione en el fondo de la unión.
- ۵ Facilitar el acceso del electrodo/hilo: da espacio para que el material de aporte llegue a la raíz.
- ۵ Gestionar el calor y la expansión: una abertura adecuada puede ayudar a mitigar la distorsión.

➲ **Dimensiones típicas:** suelen variar entre 0 mm (contacto total) y 4,0 mm o más, dependiendo de la combinación de talón, el proceso de soldadura y si se desea una soldadura a tope con penetración completa o parcial.

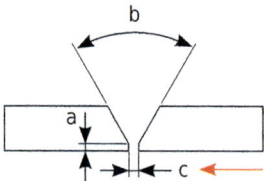

 **APLICACIÓN PRÁCTICA**

Manuel se enfrenta a un dilema: debe realizar una unión de una pieza de 35 mm de espesor, pero no posee ninguna WPS; por lo tanto, tiene

Continúa en página siguiente >>

<< Viene de página anterior

que actuar según su propia experiencia y conocimiento. ¿Qué tipo de preparación crees que es la más adecuada?

Solución

Debería realizar una doble preparación por ambos lados; es decir, una doble V al tener más de 20 mm de espesor.

- -

4.2. Radio (en biseles en j y u)

En los biseles tipo J o U, el **radio** se refiere a la **curvatura** en la base del chaflán. Necesitamos saber el porqué de esta acción y qué buscamos. Veamos:

➲ **Importancia:** esta curvatura suave en lugar de una esquina afilada ayuda a:

 ◡ **Reducir el volumen de soldadura** en comparación con un bisel en V equivalente.
 ◡ **Mejorar la accesibilidad** para el electrodo o la antorcha en el fondo de la ranura.
 ◡ **Distribuir mejor las tensiones** en la raíz de la soldadura.

THE ANGLE AND GROOVE TYPE
The referece value of the angle and groove type is depending on welding processes and structure design type.

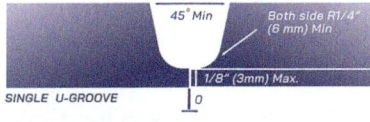

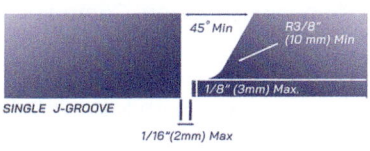

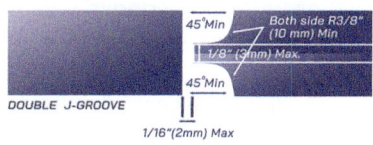

Chaflanes realizados en J y en U

NOTA

En ocasiones, los soldadores optan por tirar de experiencia; por ejemplo, en la soldadura de tubería de alta presión se llegan a realizar separaciones de 6 y 7 mm.

- -

VÍDEO

Descubre la variedad de maquinaria especializada en este enlace, diseñada para crear biseles de alta calidad en tus piezas metálicas. Esta selección te mostrará cómo conseguir acabados precisos y profesionales para tus uniones.

https://redirectoronline.com/uf29980203

- -

5. Resumen

La preparación de bordes en soldadura es un aspecto fundamental que asegura la integridad y resistencia de cualquier unión. Como hemos visto, abarca tres áreas principales:

1. Implica el estudio y la aplicación de diversos métodos de conformado, desde el corte térmico (oxicorte, plasma, láser) hasta mecanizados precisos como el esmerilado y el biselado.
2. Requiere un conocimiento exhaustivo del equipo y las herramientas necesarias para esta preparación, incluyendo sus componentes, características y, crucialmente, los riesgos asociados y las medidas de seguridad para un uso adecuado.

3. Es esencial comprender y configurar con precisión las características geométricas de los bordes, tales como el ángulo y la profundidad del bisel, las dimensiones del talón y el radio en curvas y la adecuada abertura de la raíz, todo ello vital para una penetración óptima y la calidad final de la soldadura.

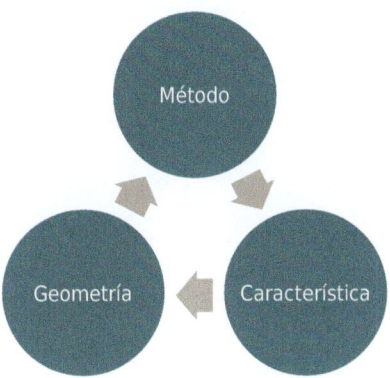

Ejercicios de autoevaluación
Unidad de Aprendizaje 2

1. ¿Qué método de corte térmico utiliza un chorro de gas a alta velocidad que ha sido ionizado para cortar metal?

    a. Oxicorte
    b. Corte por plasma
    c. Corte por láser
    d. Corte por chorro de agua

2. ¿Qué herramienta se utiliza comúnmente para refinar los bordes después de un corte y para realizar biselados mecánicos menores?

    a. Sierra circular
    b. Taladro
    c. Cizalla
    d. Amoladora angular (esmeriladora)

3. Determina si la siguiente oración es verdadera o falsa: "El oxicorte es un método de corte térmico adecuado para cortar aluminio".

    ■ Verdadero
    ■ Falso

4. ¿Cuál es el riesgo principal asociado con el uso de amoladoras si no se aplican las medidas de seguridad adecuadas?

    a. Inhalación de humos tóxicos
    b. Sobreesfuerzo muscular
    c. Proyección de partículas y lesiones por contacto
    d. Ruido excesivo

5. ¿Qué característica geométrica de un borde preparado se refiere a la separación entre las piezas antes de soldar, facilitando el pase de raíz?

    a. El ángulo del bisel
    b. El talón
    c. El radio
    d. La abertura de la raíz

6. Determina si la siguiente oración es verdadera o falsa: "Un chaflán en V es un tipo de preparación de borde para soldadura".

- ■ Verdadero
- ■ Falso

7. ¿Cuál es el propósito fundamental del "talón" o "cara de raíz" en una preparación de borde para soldar?

- a. Aumentar la velocidad de soldadura
- b. Disminuir el consumo de material de aporte
- c. Mejorar la apariencia del cordón final
- d. Asegurar un control óptimo de la penetración

8. ¿Qué equipo de corte térmico utiliza un haz de luz altamente concentrado para cortar materiales con una precisión excepcional?

- a. Oxicorte
- b. Cortadora por plasma
- c. Corte por láser
- d. Sierra de banda

9. Determina si la siguiente oración es verdadera o falsa: "Los cepillos de alambre se utilizan para realizar cortes térmicos precisos en chapas delgadas".

- ■ Verdadero
- ■ Falso

10. ¿Qué parámetro de la geometría del borde debe determinarse y configurarse correctamente según el tipo de soldadura y el espesor del material para asegurar la fusión adecuada?

- a. El tipo de gas de protección
- b. La velocidad de avance del soldador
- c. El color del material
- d. El ángulo y la profundidad del chaflán (o bisel)

Posicionado y fijación

Contenido

Objetivos

Los objetivos específicos de esta Unidad de Aprendizaje son:

→ Reconocer las designaciones normalizadas para las posiciones de trabajo (plana, horizontal, vertical, bajo techo).

→ Seleccionar correctamente los elementos de elevación y transporte (grúas, polipastos), volteadores y posicionadores (giratorios y basculantes) para manipular y colocar piezas de diversos tamaños y pesos de forma segura y eficiente en la posición de soldadura óptima.

→ Distinguir entre sistemas de fijación permanentes y provisionales, eligiendo el método adecuado para mantener la alineación de las piezas y el *gap* de raíz durante el proceso de soldeo.

→ Realizar punteados de forma correcta, comprendiendo su propósito como soldaduras provisionales para mantener la geometría de la unión.

→ Utilizar técnicas de medición directa y por comparación para verificar la precisión del posicionamiento, la alineación y las dimensiones de la ranura.

1. Introducción

En el fascinante mundo de la fabricación metálica, la habilidad de unir piezas de metal no es solo un arte, sino una ciencia que demanda precisión y conocimiento. Antes de que el brillo del arco de soldadura ilumine el taller, existe una fase crucial que define el éxito de cualquier unión: la preparación del material base.

Esta etapa, a menudo subestimada, es donde la teoría se encuentra con la práctica, donde la geometría de cada borde y la correcta selección de las herramientas se convierten en los pilares de una soldadura robusta y sin defectos. Desde el corte inicial de una chapa hasta el ajuste milimétrico de un bisel, cada acción en la preparación del material impacta directamente en la calidad, resistencia y durabilidad de la estructura final.

La correcta fijación, ya sea mediante punteados provisionales que mantienen la alineación perfecta o con sistemas de anclaje que aseguran la pieza durante todo el proceso, es lo que permite que la soldadura final no solo cumpla con las especificaciones, sino que garantice la integridad estructural de cualquier proyecto. En las siguientes secciones, exploraremos las técnicas y herramientas que hacen de esta fase un pilar fundamental en la creación de uniones soldadas de alta calidad.

En el fascinante mundo de la fabricación metálica, donde la preparación del material base es crucial para la calidad de cada unión, Manuel, soldador experimentado, ya sabe realizar, con precisión, desde el corte y biselado hasta la fijación y el punteado, asegurando la robustez y durabilidad de cada estructura soldada.

2. Posiciones de trabajo, designación normalizada

 **HILO CONDUCTOR**

Manuel, el soldador, sabe que no todas las uniones se presentan cómodamente en una mesa de trabajo. Para él, dominar las posiciones de trabajo es como aprender una danza: cada paso es vital para una soldadura impecable.

Continúa en página siguiente >>

<< Viene de página anterior

Al principio, la posición plana era su zona de confort, donde la gravedad ayudaba a depositar el metal. Pero pronto entendió que la obra demanda más. Se familiarizó con la posición horizontal, un verdadero reto donde el metal tiende a colgarse, exigiendo un pulso firme y un control preciso del charco.

Luego vino la vertical, su preferida para estructuras ascendentes. Aquí, la clave es luchar contra la gravedad, ya sea soldando de abajo hacia arriba (ascendente) o de arriba hacia abajo (descendente), cada una con sus propias técnicas y desafíos de penetración. Finalmente, la posición bajo techo, una prueba de habilidad y resistencia, donde la gravedad es el enemigo y el metal amenaza con caerse.

Manuel no solo conoce estas posiciones, sino que entiende su designación normalizada. Sabe que no son caprichos, sino la clave para elegir el electrodo, el proceso y la técnica adecuados. Dominar estas posiciones no es solo habilidad manual; es la inteligencia de un soldador que adapta su técnica a cualquier desafío, asegurando que cada cordón, sin importar la dificultad, sea una obra maestra.

2.1. Posiciones de soldadura: el abc de la norma UNE-EN ISO 6947

Enseñar a Manuel la norma UNE-EN ISO 6947 sobre posiciones de soldadura no es solo memorizar códigos, sino que comprenda su lógica y aplicación práctica en el día a día. El objetivo es que pueda interpretar planos, seleccionar procedimientos adecuados y comunicarse eficazmente en cualquier entorno industrial, especialmente en Europa.

Veamos cómo razonarlo para aprenderla. Tengamos en cuenta que vamos a tener la sensación de aprender un idioma diferente donde solo nos entenderán o entenderemos aquellos que se dedican a este oficio.

¿Por qué esta norma?

- Problema que resolver: ¿por qué necesitamos un código para las posiciones? Imagina que te piden soldar "arriba" o "de lado". ¿Significa lo mismo para todos? Esta norma, la UNE-EN ISO 6947, nos da un lenguaje común para evitar errores y garantizar la calidad globalmente.
- Ámbito de aplicación: esta norma europea es la que define las posiciones y se utiliza en la mayoría de los proyectos en Europa y muchos a nivel internacional.

- ⮑ La norma ISO 6947 define las posiciones de soldadura, tanto para los cupones de prueba estandarizados (como PA, PB, H-L045, etc.) que se usan para calificar soldadores como para el soldeo en producción. A diferencia de los ensayos, en producción estas posiciones (plana, horizontal, vertical y bajo techo) son continuas.
- ⮑ Un aspecto clave es que la dirección de soldeo (ascendente o descendente) es fundamental para determinar la posición exacta. Es importante destacar que la posición de soldadura no cambia si la unión es a tope, en ángulo o según el tipo de producto. La norma cubre todos los tipos de soldaduras y direcciones.
- ⮑ Para una fácil comprensión global, la norma utiliza símbolos específicos para designar estas posiciones. Estos símbolos, como PA o PC, son neutros y no derivan de ningún idioma. La relación entre las posiciones de ensayo y las de producción se detalla en otras normas ISO relevantes, como la ISO 9606 para la calificación de soldadores.

A continuación, se describen cómo se combinan las letras para designar la unión de ranura *(groove)* o filete *(fillet):*

- ⮑ **PA (plana):** placa en posición plana.
- ⮑ **PB (horizontal):** filete en posición horizontal (una pieza plana acunada también es válida).
- ⮑ **PC (cornisa):** ranura en posición horizontal.
- ⮑ **PD (horizontal bajo techo):** filete bajo techo en horizontal.
- ⮑ **PE (bajo techo):** ranura bajo techo.
- ⮑ **PF (vertical ascendente):** ranura o filete vertical soldando de abajo hacia arriba.
- ⮑ **PG (vertical descendente):** ranura o filete vertical soldando de arriba hacia abajo.

NOTA

Las uniones de ranura *(groove)* se forman al biselar los bordes de las piezas para soldar a través de su espesor, buscando penetración total (usadas en uniones a tope, esquina o T que requieren alta resistencia); mientras que las uniones de filete *(fillet)* se crean al soldar dos piezas en ángulo (T, solape, esquina), formando una sección triangular sin biselado de bordes, con penetración limitada.

2.2. Profundizando en las posiciones de tubería *(pipe positions)*

Para un soldador, dominar las posiciones de tubería es esencial, ya que estas definen la complejidad de la tarea y la técnica requerida para asegurar un cordón perfecto en cada orientación espacial del tubo. Para esto, tengamos en cuenta lo siguiente:

- **La complejidad añadida:** explica que en tuberías la complejidad aumenta porque la tubería puede girar o estar fija en diferentes ángulos.
- **Designaciones específicas para tubería:**

  - PA (tubería giratoria): soldadura en posición plana mientras la tubería gira.
  - PC (tubería fija horizontal): soldadura horizontal alrededor de una tubería fija.
  - PH (tubería fija vertical ascendente): soldadura vertical hacia arriba en una tubería fija.
  - PJ (tubería fija vertical descendente): soldadura vertical hacia abajo en una tubería fija.
  - H-L045 (tubería fija inclinada ascendente): soldadura vertical hacia arriba en una tubería fija inclinada 45°.
  - J-L045 (tubería fija inclinada descendente): soldadura vertical hacia abajo en una tubería fija inclinada 45°.

- **Importancia del giro:** resalta cuándo la tubería se puede girar (simplificando la soldadura a una posición más cómoda) y cuándo está fija (obligando al soldador a moverse alrededor de ella y cambiar de posición).

Es una herramienta práctica y fundamental para el desarrollo profesional, permitiéndote trabajar con confianza y seguridad en cualquier proyecto que exija estándares internacionales. A la hora de la producción debemos pensar que existen algunas tolerancias que se verán reflejadas en los planos como "S y R".

Posición de soldeo	Posición principal de soldeo	Pendiente S	Rotación R
Plana	PA	±15°	±30°
Horizontal	PC	±15°	+60°-10°
Bajo techo	PE	±80°	±80°
Vertical	PF, PG	+75°-10°	±100° ±180°

Rangos de pendiente y rotación para las posiciones de soldeo en producción de soldaduras a tope extraída de la norma UNE-EN ISO 6947

Posición de soldeo	Posición principal de soldeo	Pendiente S	Rotación R
Plana	PA	±15°	+30°
Horizontal vertical	PB	+15°	+15°-10°
Horizontal	PC	+15°	+35°-10°
Horizontal bajo techo	PD	+80°	+35°-10°
Bajo techo	PE	+80°	+35°
Vertical	PF, PG	+75°-10°	+100° +180°

Rangos de pendiente y rotación para las posiciones de soldeo en producción de soldaduras en ángulo extraída de la norma UNE-EN ISO 6947

Pasemos a comparar la norma americana AWS y la europea UNE-EN 6947. Analizaremos mediante ilustraciones cómo definen y nombran las posiciones de soldadura, identificando sus similitudes y diferencias clave en la designación y aplicación práctica.

Ilustración	Posición de soldeo de acuerdo con AWS A3.0 y ASME Sección IX	Posición de soldeo de acuerdo con esta norma internacional
	1G	PA
Posición horizontal	2G	PC
Posición vertical ascendente	3G ascendente	PF

Continúa en página siguiente >>

<< Viene de página anterior

Ilustración	Posición de soldeo de acuerdo con AWS A3.0 y ASME Sección IX	Posición de soldeo de acuerdo con esta norma internacional
Posición vertical descendente	3G descendente	PG
Posición bajo techo	4G	PE
Posición vertical ascendente (tubo fijo)	5G ascendente	PH
Posición vertical descendente (tubo fijo)	5G descendente	PJ
Posición inclinada ascendente (tubo fijo)	6G ascendente	H-L045
Posición inclinada descendente (tubo fijo)	6G descendente	J-L045
Posición plana	1F	PA

Continúa en página siguiente >>

<< Viene de página anterior

Ilustración	Posición de soldeo de acuerdo con AWS A3.0 y ASME Sección IX	Posición de soldeo de acuerdo con esta norma internacional
Posición plana (tubo rotando)	1FR	PA
Posición horizontal vertical	2F	PB
Posición horizontal vertical (tubo rotado)	2FR	PB
Posición vertical ascendente	3F ascendente	PF
Posición vertical descendente	3F descendente	PG
Posición horizontal bajo techo	4F	PD

Continúa en página siguiente >>

<< Viene de página anterior

Ilustración	Posición de soldeo de acuerdo con AWS A3.0 y ASME Sección IX	Posición de soldeo de acuerdo con esta norma internacional
Posición vertical ascendente (tubo fijo)	5F ascendente	PH
Posición vertical descendente (tubo fijo)	5F descendente	PJ
 Posición de soldeo de vuelta completa en una sola dirección	6G Soldeo orbital	PK Soldeo orbital

⊕ PARA SABER MÁS

En el siguiente enlace puedes observar una comparativa de posiciones de soldeo entre las normas europeas y americanas mediante ilustraciones:

https://redirectoronline.com/uf29980301

3. Utillaje, equipos y maniobras en el posicionamiento de piezas: elementos de elevación y transporte, volteadores, posicionadores giratorios y basculantes

☞ HILO CONDUCTOR

Manuel sabe que la soldadura no empieza con el arco, sino mucho antes: con el arte de mover y colocar piezas que a veces pesan toneladas. Esta es la danza de las piezas pesadas, donde el utillaje y las maniobras de posicionamiento son clave para su seguridad y la calidad del trabajo.

Para las piezas más grandes y robustas, Manuel confía en los elementos de elevación y transporte. Hablamos de puentes grúa que recorren el taller, polipastos que levantan con precisión milimétrica y eslingas o cadenas que abrazan la pieza de forma segura. No es solo levantar; es saber enganchar, equilibrar la carga y moverla sin oscilaciones, evitando daños a la pieza o, peor, a él mismo.

Pero levantar es solo el primer paso. Para optimizar la posición de soldadura, Manuel utiliza volteadores. Estos ingeniosos equipos permiten girar y voltear la pieza sobre su eje, exponiendo la cara que soldar en la posición más cómoda posible, a menudo la plana (PA o 1G). Esto minimiza el riesgo de posiciones incómodas como el bajo techo (PE o 4G), donde la gravedad juega en contra del soldador.

Cuando la pieza necesita no solo girar, sino también inclinarse, entran en juego los posicionadores giratorios y basculantes. Son como las "mesas de operaciones" de la soldadura, capaces de rotar la pieza 360° y, al mismo tiempo, inclinarla en múltiples ángulos. Esto permite a Manuel mantener la soldadura siempre en una posición ergonómica y eficiente, mejorando la calidad del cordón y reduciendo la fatiga. Es una inversión que se paga sola en productividad y precisión.

Dominar estos equipos no es solo una habilidad técnica; es una cuestión de seguridad y eficiencia. Manuel sabe que un buen posicionamiento reduce el riesgo de accidentes, disminuye la distorsión de la pieza por la gravedad y, en última instancia, le permite concentrarse en lo que mejor sabe hacer: soldar uniones impecables. Este dominio es lo que lo convierte en un soldador de confianza y en un verdadero profesional.

En cualquier taller de soldadura, la seguridad y eficiencia son primordiales, especialmente al manipular materiales pesados. Por ello el uso de utillaje, equipos y maniobras en el posicionamiento de piezas es indispensable. Esto incluye desde elementos de elevación y transporte, como grúas y polipastos, hasta volteadores y posicionadores giratorios y basculantes, los cuales facilitan el movimiento y la colocación segura y precisa de las piezas, optimizando el tiempo y el esfuerzo para lograr soldaduras de mayor calidad.

3.1. Elementos de elevación y transporte

En cualquier taller de soldadura, la seguridad y eficiencia son una premisa, especialmente al manipular materiales pesados. Por ello, el uso de elementos de elevación y transporte es indispensable. Estas herramientas no solo facilitan el movimiento seguro de piezas, sino que también optimizan el tiempo y el esfuerzo en cada proyecto.

En el mundo de la soldadura, mover piezas no es solo una cuestión de fuerza, sino de precisión, seguridad y eficiencia. Los elementos de elevación y transporte son herramientas esenciales que permiten a profesionales de la soldadura manipular materiales de diversos tamaños y pesos, desde pequeñas chapas hasta enormes estructuras, posicionándolos de manera óptima para el trabajo. Un manejo adecuado de estos equipos impacta directamente en la calidad de la soldadura, la seguridad en el taller y la productividad general.

Estos elementos se dividen principalmente en equipos que proporcionan la fuerza de elevación y sistemas que conectan esa fuerza a la pieza.

Equipos de elevación

Estos son los "músculos" que levantan y mueven las cargas.

Puentes grúa (grúas puente)

Veamos algunas características:

⊃ **Descripción:** son grúas instaladas en la parte superior de un edificio o nave industrial; estas se desplazan sobre rieles a lo largo de toda la longitud del área de trabajo. Consisten en una o dos vigas principales (el puente) que se mueven sobre carriles y un carro con un polipasto que se mueve a lo largo de esas vigas.

➲ **Uso en soldadura:** ideales para mover piezas muy pesadas y voluminosas (estructuras, grandes chapas, conjuntos preensamblados) a cualquier punto dentro del taller. Permiten posicionar las piezas en mesas de soldadura, volteadores o posicionadores con gran precisión.
➲ **Ventajas:** gran capacidad de carga, cobertura total del área, alta precisión de posicionamiento.

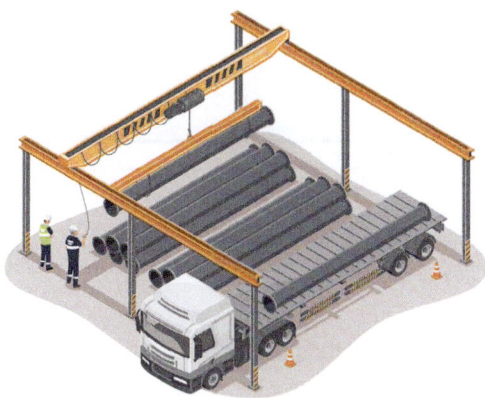

Los equipos de elevación permiten los trabajos de gran pesaje en la industria.

Grúas pluma

Veamos algunas características:

➲ **Descripción:** son grúas con un brazo horizontal (pluma) que se extiende desde una columna vertical fija al suelo. El polipasto se desplaza a lo largo de la pluma.
➲ **Uso en soldadura:** perfectas para estaciones de trabajo individuales, donde se necesita levantar y mover piezas dentro de un área de trabajo localizada (un radio de acción específico).
➲ **Ventajas:** compactas, fáciles de instalar, mejoran la productividad en puestos de trabajo fijos.

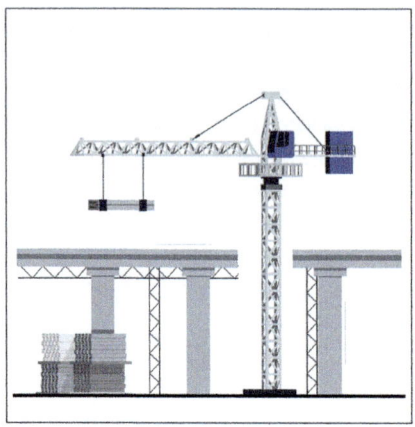

Estas grúas ayudarán en los trabajos exteriores.

_____

Polipastos

Veamos algunas características:

- **Descripción:** son dispositivos de elevación que se montan en grúas (puentes, plumas, pórtico) o en vigas de suspensión. Utilizan un motor eléctrico para enrollar o desenrollar una cadena o cable, levantando la carga.
- **Uso en soldadura:** el componente directo de elevación. Permiten levantar, bajar y sostener piezas durante el posicionamiento o mientras se sueldan temporalmente en el aire.
- **Ventajas:** elevación motorizada, control preciso de la velocidad.

Ejemplo de ayuda para minimizar esfuerzos

Carretillas elevadoras

Veamos algunas características:

- ➲ **Descripción:** vehículos motorizados con horquillas delanteras que se insertan bajo las cargas para levantarlas y transportarlas.
- ➲ **Uso en soldadura:** comunes para mover palés de material, chapa cortada, cilindros de gas y piezas más pequeñas entre diferentes zonas del taller o almacén. No son tan precisas para el posicionamiento final de soldadura como las grúas.
- ➲ **Ventajas:** versatilidad en el transporte horizontal, movilidad.

Este vehículo ayudará en multitud de trabajos.

Elementos de conexión y maniobra

Estos son los "brazos" que unen el equipo de elevación a la pieza.

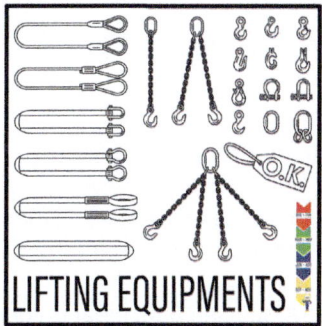

Hay multitud de útiles en la industria que tendrán una revisión periódica.

Eslingas

Veamos algunas características:

- **Descripción:** lazos flexibles hechos de cadena, cable de acero o materiales sintéticos (poliéster, nailon). Se utilizan para envolver o enganchar la pieza.
- **Uso en soldadura:** permiten levantar piezas de formas irregulares o que no tienen puntos de enganche. Es fundamental seleccionar la eslinga adecuada para el peso y la forma de la carga y revisarla por daños antes de cada uso.
- **Ventajas:** flexibles, versátiles, distribuyen la carga.

Cadenas

Veamos algunas características:

- **Descripción:** eslingas de cadena hechas de eslabones de acero de alta resistencia.
- **Uso en soldadura:** muy duraderas y resistentes a la abrasión y altas temperaturas. Se usan para cargas pesadas y en entornos más agresivos.
- **Ventajas:** robustas, duraderas.

Cables de acero

Veamos algunas características:

- **Descripción:** eslingas formadas por hilos de acero trenzados.
- **Uso en soldadura:** alta resistencia y durabilidad. Comunes para cargas estáticas o de elevación directa.
- **Ventajas:** alta resistencia a la tracción.

Grilletes

Veamos algunas características:

- **Descripción:** conectores metálicos con forma de "U" o "D" y un pasador, que sirven para unir eslingas, cadenas o cables a puntos de anclaje en la pieza.
- **Uso en soldadura:** se usan para crear uniones seguras y temporales entre el equipo de elevación y la carga.
- **Ventajas:** conexión segura y fácil de montar/desmontar.

Ganchos de elevación

Veamos algunas características:

● **Descripción:** accesorios con formas específicas para enganchar directamente en orejetas de elevación de las piezas o en las eslingas.
● **Uso en soldadura:** el punto final de conexión entre el polipasto/grúa y la carga. Deben tener pestillos de seguridad para evitar que la carga se desenganche accidentalmente.

 **APLICACIÓN PRÁCTICA**

Manuel tiene que mover un conjunto de tuberías de inoxidable de 240 mm de diámetro. Estas, al tener gran espesor, tienen un peso elevado en su conjunto (1.180 kg). Según lo que acabamos de ver, ¿qué tipo de sujeción crees que es la más correcta? Razona tu respuesta.

Solución

La sujeción más correcta y recomendada para este tipo de carga sería una combinación de:

1. Equipo de elevación principal: puente grúa (o grúa pórtico, si es al aire libre).
2. Elementos de conexión: eslingas de poliéster/nailon (sintéticas).
3. Elemento de distribución de carga: barra separadora.

Razonamiento:

1. Puente grúa (o grúa pórtico):

   · Razón: con un peso de 1.180 kg, una carretilla elevadora podría ser suficiente para el transporte horizontal en distancias cortas, pero no ofrece la precisión y la estabilidad vertical necesarias para un posicionamiento seguro para soldadura y existe riesgo de dañar el conjunto si las horquillas no lo soportan uniformemente. Un puente grúa tiene la capacidad de carga necesaria y permite un control preciso del movimiento en tres dimensiones, esencial para el posicionamiento delicado de un conjunto de tuberías. Además, es un equipo fijo que cumple con las normativas de seguridad para cargas elevadas en entornos industriales.

Continúa en página siguiente >>

<< Viene de página anterior

2. Eslingas de poliéster/nailon (sintéticas):

- Razón crucial para inoxidable: las tuberías son de acero inoxidable. El contacto con herramientas o accesorios de elevación de acero al carbono (como cadenas o cables de acero estándar que hayan estado en contacto con carbono) puede provocar contaminación férrica. Esta contaminación, aunque inicialmente invisible, puede llevar a la corrosión superficial (óxido) del acero inoxidable con el tiempo, comprometiendo su estética y resistencia a la corrosión.
- Las eslingas sintéticas son no abrasivas y no contaminantes (si están limpias y dedicadas al inoxidable). No rayan ni marcan la superficie de las tuberías de inoxidable, que a menudo tienen un acabado superficial sensible.
- Son flexibles, lo que permite envolver el conjunto de tuberías de forma segura y distribuir la carga sin concentraciones de tensión que podrían deformarlas.
- Tienen una alta relación resistencia-peso y están disponibles en capacidades muy superiores a los 1.180 kg.

Procedimiento recomendado para Manuel:

1. Inspección: verificar que el puente grúa, las eslingas sintéticas y los ganchos estén en perfecto estado y que sus capacidades de carga superen con creces los 1.180 kg. Asegurarse de que las eslingas sintéticas estén limpias y no hayan sido usadas previamente con acero al carbono.
2. Preparación de la carga: asegurar que el conjunto de tuberías esté bien atado o agrupado para formar una carga estable. Si hay bordes afilados, usar protectores de esquina en las eslingas sintéticas para evitar cortes.
3. Enganche: colocar la barra separadora sobre el conjunto de tuberías. Enganchar las eslingas sintéticas al conjunto, asegurándose de que estén distribuidas uniformemente a lo largo de la longitud del paquete y que pasen por debajo del centro de gravedad.
4. Elevación: elevar la carga lentamente, verificando el equilibrio. Una vez estable, proceder al movimiento hacia el punto de posicionamiento.
5. Posicionamiento: utilizar el control preciso del puente grúa para colocar el conjunto exactamente donde se necesita para el siguiente paso de fabricación.

Al seguir este procedimiento, Manuel asegura no solo la seguridad de la operación, sino también la integridad y la calidad del material de acero inoxidable, lo que es crucial en la soldadura de tuberías.

3.2. Importancia en los trabajos de soldadura

Los trabajos previos en soldadura y la metrología son fundamentales, porque impactan directamente la seguridad del operario al manipular y fijar piezas, incrementan la eficiencia al reducir tiempos y aseguran la calidad final de la unión al preparar el material con la precisión necesaria:

- ⮞ **Seguridad:** el manejo incorrecto de cargas es una de las principales causas de accidentes graves en la industria. Conocer y aplicar los procedimientos seguros de elevación es primordial para la integridad física de Manuel y sus compañeros.
- ⮞ **Eficiencia y productividad:** posicionar una pieza de forma rápida y precisa reduce los tiempos muertos y optimiza la ergonomía para el soldador, permitiéndole soldar en las posiciones más cómodas y eficientes (por ejemplo, PA/1G).
- ⮞ **Calidad del producto:** un buen posicionamiento minimiza la distorsión de la pieza por la gravedad durante la soldadura y asegura la correcta alineación y el *gap* de la unión, lo que se traduce en soldaduras de mayor calidad y menos defectos.

 **DEFINICIÓN**

Gap
Es el término que se usa en soldadura para referirse a la separación entre piezas que vamos a unir.

3.3. Volteadores, posicionadores giratorios y basculantes

Más allá de simplemente levantar una pieza, el verdadero arte del posicionamiento en soldadura reside en el uso de equipos que permiten al soldador manipular la pieza para presentar la unión en la posición óptima de soldadura. Aquí es donde entran en juego los volteadores y los posicionadores giratorios y basculantes, transformando tareas complejas en procesos más seguros, eficientes y de mayor calidad.

Volteadores de piezas

Destaquemos los siguientes puntos clave:

- **Descripción:** un volteador es un equipo diseñado para **girar y voltear** piezas grandes y pesadas (como vigas, armazones o secciones de estructuras) sobre uno o varios ejes. A menudo, utilizan brazos articulados o sistemas de cadena y piñón motorizados que invierten la posición de la pieza, cambiando su centro de gravedad de forma controlada.
- **Función clave en soldadura:** su principal propósito es permitir que las soldaduras que de otro modo se harían en posiciones difíciles (vertical, bajo techo) puedan realizarse en la **posición plana (PA/1G),** que es la más cómoda, rápida y de mayor calidad para el soldador.
- **Ventajas:**

  - **Mejora de la ergonomía:** reduce la fatiga y el esfuerzo físico del soldador.
  - **Aumento de la productividad:** las soldaduras en posición plana son más rápidas y requieren menos pases.
  - **Mejora de la calidad:** al soldar siempre en posición óptima, se reduce la probabilidad de defectos como porosidades, falta de penetración o inclusiones de escoria.
  - **Mayor seguridad:** minimiza los riesgos asociados a soldar en posiciones forzadas o bajo carga.

- **Componentes típicos:** estructura robusta, motores eléctricos, reductores, sistemas de sujeción de la pieza (cadenas, rodillos, mordazas).

En la industria nos encontramos piezas tan grandes como esta. Es esencial un volteador para poder rentabilizar los trabajos de soldadura.

Posicionadores giratorios y basculantes

Destaquemos los siguientes puntos clave:

➲ **Descripción:** estos equipos son mesas de trabajo motorizadas que ofrecen dos o más grados de libertad de movimiento. Típicamente, tienen una mesa o plato que puede girar 360° (eje de rotación) y que, además, puede bascular o inclinarse desde una posición horizontal hasta una vertical (eje de inclinación o basculación). Algunos modelos más avanzados tienen capacidad de elevación o más ejes de movimiento.

➲ **Función clave en soldadura:** son fundamentales para piezas que requieren soldaduras complejas o que necesitan presentar varias caras o ángulos a la posición de soldadura más cómoda. Permiten al profesional de la soldadura rotar y/o inclinar la pieza para mantener el charco de soldadura en una posición semiplana o favorable durante todo el proceso, incluso en uniones circulares o angulares complejas.

Por pequeño que parezca, un volteador girador le permite al operario amortizar tiempos y realizar soldaduras en posiciones más cómodas.

➲ **Ventajas:**

◑ **Versatilidad de posicionamiento:** capacidad para ajustar la pieza a casi cualquier ángulo deseado, ideal para soldaduras de tuberías, recipientes a presión, bridas y componentes cilíndricos.

◑ **Optimización continua:** a medida que el profesional de la soldadura avanza con la soldadura circular, puede ir rotando la pieza para mantener el arco siempre en la posición "cómoda" (por ejemplo, en el cuadrante de las 2 en punto a las 10 en punto).

◑ **Mejora la eficiencia del proceso automático:** son la base para la automatización y robotización de la soldadura, ya que un robot puede soldar en una posición fija mientras el posicionador mueve la pieza.

◌ **Reducción de manipulaciones manuales:** menos necesidad de que el soldador o el personal auxiliar muevan la pieza manualmente o con grúas durante el proceso.

↬ **Componentes típicos:** plato giratorio con ranuras para fijación, sistema de inclinación motorizado (hidráulico o mecánico), cuadro de control (a menudo con CNC para programación de velocidad y ángulo).

Seguridad y eficiencia

El uso seguro de volteadores y posicionadores es tan importante como su funcionalidad:

Equilibrio de la carga
- Siempre debe asegurarse de que la pieza esté centrada y bien equilibrada antes de operar el equipo.

Sujeción firme
- Las piezas deben estar firmemente ancladas al posicionador o volteador para evitar que se deslicen o se desprendan durante el movimiento.

Las piezas deben estar firmemente ancladas al posicionador o volteador para evitar que se deslicen o se desprendan durante el movimiento.
- Respetar siempre la capacidad máxima de peso del equipo.

Formación
- Solo personal entrenado debe operar estos equipos, ya que un mal uso puede causar graves accidentes.

 ACTIVIDAD COMPLEMENTARIA

8. Busca en internet equipos giratorios para soldar piezas pesadas, teniendo en cuenta que unas piezas pesan 250 kg y otros 600 kg.

4. Sistemas de fijación permanentes y provisionales: respaldos, puentes, apéndices, entre otros

☞ HILO CONDUCTOR

Manuel sabe que soldar no es solo unir metal: es construir con precisión. Para lograrlo, domina el arte de la fijación, un paso crucial para que cada pieza se mantenga en su sitio, sin moverse ni deformarse. Conoce a la perfección cuándo usar un sistema permanente que se integra en la pieza y cuándo uno provisional que se retira después.

Cuando trabaja en piezas que necesitan mantenerse firmes solo durante el montaje, Manuel recurre a los sistemas provisionales. Sus aliados inseparables son las mordazas y sargentos, que aprietan con fuerza para que nada se mueva. Para ajustes finos o para mantener la separación exacta (el *gap*), utiliza cuñas y calzos, pequeñas pero poderosas herramientas. Y si la pieza no ofrece dónde agarrar, Manuel no duda en soldar apéndices temporales, pequeñas pletinas que le dan un punto de sujeción para luego cortar y limpiar sin dejar rastro.

Pero la verdadera magia de la fijación empieza con el punteado. Estas son soldaduras cortas y estratégicas que Manuel realiza antes del cordón final. No son solo para sujetar; son para controlar la distorsión. Sabe que un buen punteado, colocado con la longitud y el espaciado correctos, es la primera defensa contra el calor que puede deformar la pieza. Cada punto es un compromiso entre la resistencia y la facilidad para ser refundido sin dejar defectos en la soldadura principal.

A veces, para piezas con ranuras grandes, Manuel echa mano de respaldos. No son para sujetar la pieza en sí, sino para dar apoyo al metal fundido del primer pase y asegurar una penetración perfecta en la raíz, evitando que el metal se caiga. Y cuando la distorsión es una preocupación crítica en estructuras largas, Manuel usa puentes, barras o perfiles que suelda temporalmente a través de la unión. Estos actúan como "corsés" que mantienen la pieza recta mientras se enfría para luego ser retirados cuidadosamente.

Para Manuel, elegir el sistema de fijación adecuado es parte esencial de su trabajo. No solo garantiza la seguridad en el taller, sino que le permite entregar piezas que cumplen con las tolerancias más estrictas y soldaduras de la máxima calidad. Es el toque final en la preparación que distingue a un buen soldador.

Una vez que las piezas están en la posición deseada, el siguiente paso crítico para Manuel es asegurarse de que permanezcan allí, inmóviles y alineadas, durante todo el proceso de soldadura. Aquí es donde entran en juego los sistemas de fijación, que pueden ser permanentes (diseñados para formar parte de la estructura final) o provisionales (retirados después de la soldadura). La elección y aplicación correcta de estos sistemas es fundamental para controlar la distorsión, mantener las dimensiones y garantizar la calidad de la unión.

4.1. Sistemas de fijación provisionales

Estos elementos se utilizan para mantener las piezas en su lugar durante el punteado y la soldadura y se retiran una vez que la unión principal está completa. Su propósito es temporal.

Veamos algunos tipos:

➲ **Mordazas y sargentos:**

  ◑ **Descripción:** herramientas manuales o hidráulicas que ejercen presión para sujetar firmemente las piezas contra una mesa, entre sí o contra un utillaje.
  ◑ **Uso en soldadura:** ideales para piezas más pequeñas o para uniones que requieren alineación precisa. Las mordazas tipo "C" o las de apriete rápido son muy comunes en el taller.
  ◑ **Ventajas:** flexibles, reutilizables, permiten ajustes rápidos.

 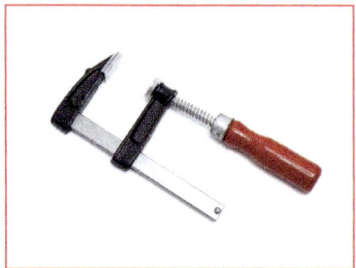

Son herramientas versátiles que nos ayudan a fijar piezas en el montaje.

⊃ **Puentes (imagen en el siguiente punto):**

◊ **Descripción:** secciones de viga, perfil o chapa que se sueldan temporalmente a ambos lados de una unión (transversalmente a la dirección de la soldadura) para controlar la distorsión angular y la contracción durante y después de la soldadura. Se eliminan una vez que la soldadura se enfría y endurece.

◊ **Uso en soldadura:** se emplea en uniones largas o en chapas finas donde la contracción por soldadura podría causar una distorsión significativa.

◊ **Ventajas:** altamente efectivos para minimizar la distorsión, especialmente en trabajos críticos.

⊃ **Cuñas:**

◊ **Descripción:** piezas de metal que se insertan entre la pieza y una superficie de apoyo o entre dos piezas para ajustar el *gap* (separación) o la alineación.

◊ **Uso en soldadura:** se utiliza para levantar ligeramente una chapa, ajustar una abertura de raíz o calzar una estructura.

◊ **Ventajas:** simples, económicas, muy útiles para ajustes finos.
En ocasiones necesitamos crearnos nuestras propias herramientas de sujeción y de alineación. En la siguiente imagen podemos observar un claro ejemplo.

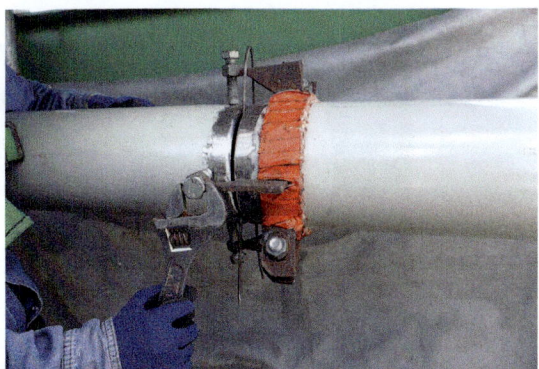

Aquí se puede ver la separación y la alineación de un trabajo en tubería a través de experiencia.

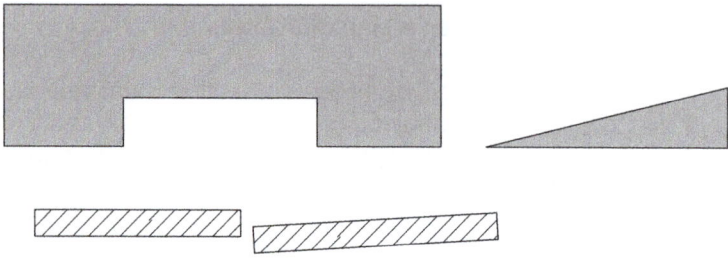

Las cuñas se utilizan junto a los puentes para alinear las piezas del montaje.

➲ **Apéndices de sujeción** *(tack-on tabs/temporary lugs):*

  ◉ **Descripción:** pequeñas piezas de metal (chapas o pletinas) que se puntean temporalmente a las piezas principales o a la mesa de trabajo. A través de ellas se pueden insertar cuñas, sargentos o palancas para ajustar y mantener la posición. Una vez terminada la soldadura, estos apéndices se cortan y se desbasta el punto de unión.
  ◉ **Uso en soldadura:** muy útiles para alinear piezas largas o pesadas donde las mordazas no son prácticas o para crear puntos de anclaje temporales. Debemos asegurarnos de que la soldadura del apéndice sea lo suficientemente fuerte para la sujeción, pero fácil de remover después.
  ◉ **Ventajas:** versátiles, crean puntos de fijación donde no los hay.

Los apéndices o testigos son elementos de prolongación de soldadura que se retirarán al final.

 VÍDEO

En el siguiente enlace podrás observar distintas mordazas y sargentos utilizados en el mercado.

https://redirectoronline.com/uf29980302

 TAREA 3

En la siguiente imagen se muestran tres técnicas de preparación de una soldadura. ¿Qué técnicas puedes observar de amarre y de soldeo? Descríbelas.

Preparación de una soldadura

4.2. Sistemas de fijación permanentes (o semipermanentes)

Estos elementos están diseñados para permanecer en la estructura final o son parte integral del ensamble que se está construyendo. Su función va más allá de la simple sujeción temporal. Veámoslo punto por punto:

➲ **Punteado** *(tack welding)*:

 ◑ **Descripción:** son pequeñas soldaduras cortas y provisionales que se realizan estratégicamente antes de la soldadura principal. Actúan como puntos de sujeción permanentes que mantienen las piezas unidas, alineadas y con el *gap* correcto.

 ◑ **Uso en soldadura:** es la forma más común y efectiva de fijación "interna". Se utiliza el punteado para preensamblar estructuras, asegurar chapas en grandes proyectos y controlar la distorsión. El tamaño, número y ubicación de los punteados son críticos y deben seguir el procedimiento de soldadura. Un punteado mal hecho puede introducir defectos o causar distorsión.

 ◑ **Ventajas:** integra la fijación en la propia unión, ayuda a controlar la distorsión si se hace correctamente, es fundamental para mantener el *gap*.

El punteo sirve para fijar temporalmente una pieza. Es un trabajo previo para asegurarse su funcionalidad.

➲ **Respaldos** *(backing bars/backing strips)*:

 ◑ **Descripción:** son tiras o barras de metal que se colocan en la parte posterior de una unión a tope (ranura abierta) para proporcionar apoyo al charco de soldadura durante el primer pase (pase de raíz). No son para fijación en el sentido de sujeción, sino para controlar la penetración y evitar la caída del metal fundido. Pueden ser permanentes (quedan soldadas a la unión) o provisionales (se retiran después del pase de raíz).

◊ **Uso en soldadura:** se utilizan en uniones a tope de una sola cara para asegurar una buena penetración de raíz, un aspecto crucial para la resistencia de la soldadura.

◊ **Ventajas:** mejora la calidad del pase de raíz, facilita la soldadura en ranuras abiertas.

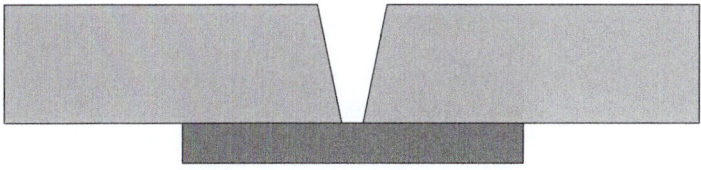

Una soldadura con respaldo permanente nos dice que no se retirará y permanecerá fija.

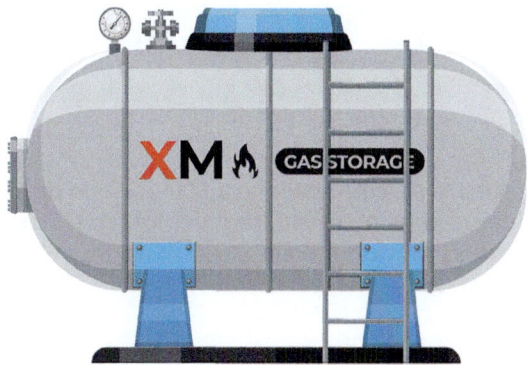

Los tanques o depósitos suelen llevar respaldos permanentes en sus soldaduras de cierre.

4.3. La elección correcta para Manuel

La decisión de qué sistema de fijación utilizar depende de varios factores:

> **Tamaño y peso de la pieza**
> - Piezas grandes requieren más fuerza de sujeción o anclajes robustos.

Continúa en página siguiente >>

<< Viene de página anterior

Tipo de unión
- Una unión a tope puede necesitar un respaldo; una unión larga puede requerir puentes.

Tolerancias dimensionales
- La precisión requerida dictará la necesidad de fijaciones más o menos robustas o sistemas de punteado controlados.

Material
- Algunos materiales son más propensos a la distorsión.

Acceso y ergonomía
- La facilidad para colocar y quitar las fijaciones.

Especificaciones del proyecto
- Muchos proyectos tienen procedimientos detallados sobre cómo deben realizarse los punteados y qué fijaciones usar.

Dominar estos sistemas permite a Manuel ir un paso más allá de la simple soldadura: le permite construir estructuras con la **precisión dimensional y la integridad estructural** que el cliente exige.

 ACTIVIDAD COMPLEMENTARIA

9. Busca en internet vídeos o documentación sobre los respaldos cerámicos en la soldadura.

5. Técnica de punteado

☞ **HILO CONDUCTOR**

Para Manuel, la técnica del punteado es fundamental, asegurando la alineación y la separación precisa de las piezas antes de la soldadura principal. Su experiencia le permite controlar la longitud, el espesor y el espaciado de los puntos para minimizar la distorsión, aplicando secuencias estratégicas. La calidad del punteado es primordial, considerándolo una "soldadura en miniatura" que requiere limpieza y precisión para garantizar una unión final impecable.

5.1. Objetivos que se persiguen en la técnica de punteo

La técnica de punteado se basa en la necesidad de mantener la geometría y alineación de las piezas que soldar antes y durante la soldadura final. Los puntos de soldadura actúan como "agujas" temporales que fijan las piezas en su posición correcta, controlando las tensiones y la distorsión que se generan durante el proceso de soldadura.

Los **principios fundamentales** del punteado son:

1. **Mantener la alineación y separación (*gap*):** asegurar que las piezas no se muevan, se superpongan o se separen más de lo deseado antes de aplicar el cordón final. Un *gap* (separación de la raíz) incorrecto puede causar defectos como falta de penetración o excesiva penetración.
2. **Controlar la distorsión:** la soldadura introduce calor que causa expansión y contracción del metal. Un punteado estratégico ayuda a contrarrestar o minimizar estas fuerzas, previniendo deformaciones indeseadas en la pieza final.
3. **Facilitar el posicionamiento:** permite que el soldador o los equipos de fijación liberen la pieza una vez punteada, concentrándose en el cordón principal.
4. **Asegurar la solidez del conjunto:** los puntos deben ser lo fuertes para soportar el peso de las piezas y las tensiones iniciales de la soldadura, pero lo suficientemente pequeños para ser refundidos fácilmente por el cordón final sin crear un defecto.

Aunque no hay una "fórmula" única, el éxito del punteado depende de varios **criterios** interrelacionados:

⊃ **Tamaño del punteado:**

- ◊ Debe ser lo más pequeño posible para cumplir su función, pero lo suficientemente fuerte.
- ◊ Un punto demasiado grande puede generar un defecto difícil de refundir completamente con el cordón final o causar una distorsión localizada excesiva.
- ◊ La longitud y el espesor del punteado se relacionan con el espesor del material base. Por ejemplo, para chapas delgadas (1-1,5 mm), los puntos serán muy pequeños (10-20 mm de largo), mientras que para chapas más gruesas pueden ser más largos.

⊃ **Espaciado del punteado:**

- ◊ Depende del espesor del material y de la tendencia a la distorsión.
- ◊ Materiales delgados: requieren punteados más cercanos para evitar el solapamiento o la separación. Una regla empírica común es 20 veces el espesor de la chapa. Por ejemplo, para una chapa de 3 mm, los puntos podrían estar cada 60 mm.
- ◊ Materiales gruesos: pueden tener espaciados mayores, ya que son más rígidos y menos propensos a deformarse entre puntos.
- ◊ Uniones complejas o con alta distorsión: necesitarán puntos más frecuentes.

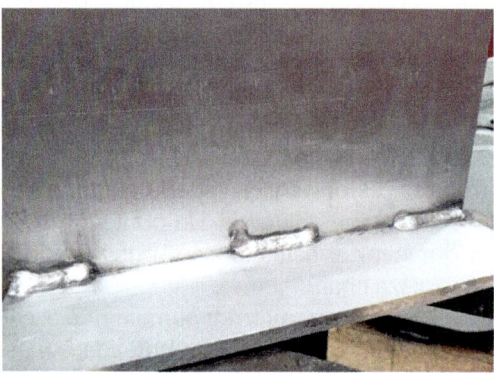

Los puntos de soldaduras serán de mayor tamaño en función de las fuerzas que deban soportar.

⊃ **Ubicación y secuencia del punteado:**

- ◊ Simetría: en uniones largas, a menudo se comienza punteando el centro y luego se avanza hacia los extremos de forma alternada (izquierda, derecha, izquierda, derecha) para distribuir las tensiones de contracción.

◑ Extremos: se suelen colocar puntos al inicio y al final de la unión.

◑ Ángulos y esquinas: requieren atención especial para evitar la apertura de la junta opuesta. A veces se puntean rápidamente las esquinas y luego se rellenan.

◑ Lado de la soldadura: generalmente, se puntean por el lado donde se realizará el primer cordón de soldadura.

➲ **Calidad del punteado:**

◑ Los punteados deben ser limpios, sin defectos (porosidades, grietas) y bien penetrados.

◑ Deben tener la misma calidad que una soldadura final, pues serán parte de ella.

◑ A menudo, se recomienda esmerilar los extremos de los punteados o pasarlos con la amoladora para asegurar una transición suave con el cordón principal y evitar "arrastres" de defectos.

 VÍDEO

En el siguiente enlace podrás observar cómo solucionar cuando se te pega el electrodo al puntear. El electrodo se pega principalmente por bajo amperaje, mala conexión a tierra o una técnica de encendido/mantenimiento del arco incorrecta (demasiado cerca, ángulo inadecuado). Para evitarlo, ajusta la corriente a la adecuada para el electrodo y material, garantiza una conexión a tierra limpia y firme, utiliza electrodos secos y en buen estado y practica una técnica de encendido rápida (raspado o golpe suave) manteniendo un arco constante y la distancia correcta.

https://redirectoronline.com/uf29980303

5.2. Consejos de punteado: optimizando la fijación por proceso de soldadura

Debemos saber que cada proceso de soldadura tiene sus particularidades y la técnica de punteado no es una excepción. Adaptar el punteado al tipo de soldadura (electrodo recubierto, MIG/MAG o TIG) es clave para lograr la sujeción necesaria sin comprometer la calidad del cordón final. A continuación, tienes consejos específicos para cada proceso.

Punteado con electrodo recubierto (SMAW/MMA)

El electrodo recubierto es robusto y versátil, pero el punteado requiere control para evitar exceso de escoria y defectos:

⊃ **Preparación:** asegúrate de que la zona que puntear esté limpia (sin óxido, grasa o pintura). Un mal contacto o impurezas son más problemáticos aquí.

⊃ **Ajuste de corriente:** usa una corriente ligeramente superior a la que usarías para un cordón continuo en ese mismo espesor. Esto facilita el encendido del arco y asegura una penetración rápida en el punto, compensando el corto tiempo de soldadura.

⊃ **Longitud del arco:** mantén un **arco corto** para concentrar el calor y obtener buena penetración en el pequeño punto.

⊃ **Técnica de punteado:**

　○ **"Golpe y avance":** enciende el arco, deposita una pequeña cantidad de metal y retira el electrodo rápidamente. Es casi un "chispazo" controlado.

　○ **"Encebado":** golpea la pieza para encender el arco y luego avanza unos milímetros para formar el punto deseado.

⊃ **Limpieza:** es fundamental limpiar la escoria de cada punteado antes de pasar al siguiente y especialmente antes de soldar el cordón principal. Si la escoria se queda, puede causar inclusiones o porosidades en la soldadura final.

⊃ **Recomendación:** para punteados más grandes o en materiales más gruesos, puedes hacer un pequeño movimiento de oscilación para ensanchar ligeramente el punto y asegurar una mejor fusión.

La técnica de punteo con electrodo revestido necesita de un golpeo.

 SABÍAS QUE...

En la soldadura, el punteado con electrodos revestidos presenta una curiosidad: a pesar de ser soldaduras pequeñas y rápidas, son más susceptibles de sufrir fisuración que el cordón final. Esto ocurre por su enfriamiento extremadamente rápido, que endurece el metal y concentra tensiones, aumentando el riesgo de agrietamiento por hidrógeno. Por ello, la calidad y la técnica de estos pequeños puntos son cruciales para evitar defectos mayores en la unión definitiva.

Punteado con MIG/MAG (GMAW)

El MIG/MAG es rápido y produce menos escoria, lo que lo hace muy eficiente para el punteado:

- **Preparación:** la limpieza sigue siendo importante. La ausencia de escoria facilita la fusión posterior.
- **Ajuste de parámetros:** utiliza los mismos parámetros que usarías para la soldadura continua (voltaje, velocidad de hilo, gas). La máquina de MIG/MAG es más tolerante con los ajustes.
- **Técnica de punteado:**

  - **"Golpe corto":** simplemente presiona el gatillo por una fracción de segundo para depositar una pequeña "gota" de metal fundido. El control es por el tiempo que mantienes el gatillo presionado.

↻ **"Punto-parada-punto":** para punteados ligeramente más largos, puedes hacer una pequeña "puntada" donde el hilo y el gas fluyen brevemente.

⮌ **Velocidad:** el MIG/MAG permite puntear muy rápidamente, lo que es ideal para sujetar piezas largas y controlar la distorsión de forma eficiente.

⮌ **Consistencia:** intenta que tus puntos sean de tamaño similar para una absorción uniforme por el cordón final.

⮌ **No escoria:** la ventaja es que no hay escoria que limpiar, lo que acelera la preparación.

Esta técnica es la más rápida y eficaz.

Punteado con TIG (GTAW)

El TIG ofrece el mayor control y el punteado es extremadamente preciso, ideal para trabajos de alta calidad o materiales finos:

⮌ **Preparación y limpieza:** la limpieza es absolutamente crítica en TIG. Cualquier impureza en la zona del punteado contaminará el charco. Limpia la zona que puntear con un cepillo de acero inoxidable y, si es necesario, con acetona o alcohol.

⮌ **Ajuste de parámetros:** ajusta la corriente al espesor, como para una soldadura normal. Puedes usar una función de pulsado si tu máquina la tiene, con pulsos cortos y corriente alta de pico para puntos rápidos y penetrantes.

⮌ **Gas de protección:** asegura un buen flujo de gas inerte (argón). El gas debe proteger el charco y el electrodo de tungsteno durante y después del punteado. Es buena idea dejar que el gas siga fluyendo un segundo extra después de apagar el arco (postflujo) para proteger el punto caliente.

● **Técnica de punteado:**

◐ **"Fusión directa":** posiciona la punta del tungsteno cerca de la junta, enciende el arco, fusiona brevemente los bordes de las dos piezas sin añadir material de aporte (si el *gap* es pequeño) y apaga.

◐ **Con aporte:** si el *gap* es más grande, enciende el arco, forma un pequeño charco y añade una mínima cantidad de material de aporte (varilla) justo al inicio del punto, fusionándolo rápidamente.

● **Precisión:** el TIG permite un control excepcional del tamaño del punto y la penetración. Puedes hacer puntos muy pequeños y estéticos.
● **Calidad:** los punteados TIG son los más limpios y con menos defectos, lo que facilita su integración perfecta en el cordón principal.
● **Esmerilado de extremos:** aunque el punteado TIG es muy limpio, sigue siendo una buena práctica biselar o esmerilar ligeramente los extremos para asegurar una perfecta fusión con el cordón final.

Esta técnica es la más limpia para todo tipo de materiales.

Dominar estas técnicas de punteado específicas para cada proceso no solo mejora su eficiencia, sino que eleva la calidad de su trabajo desde el primer toque de metal. Es la base sólida sobre la que construirá soldaduras perfectas.

Fijación de un tubo para soldar con la técnica de puente de fijación

NOTA

En las soldaduras de tubería, las exigencias de calidad son tan elevadas que se busca a toda costa evitar que el punteado afecte la preparación del material para soldar, lo que podría generar defectos internos.

Para asegurar la máxima integridad, los soldadores suelen recurrir a una técnica diferente: en lugar de puntear directamente sobre la unión de la tubería, realizan el punteado a través de piezas supletorias temporales (conocidas como *tack lugs* o "puentes de fijación"). Estas piezas se sueldan a las tuberías en un punto alejado de la unión principal y se van retirando a medida que avanza la soldadura.

De esta forma, se consigue mantener la alineación y el *gap* sin introducir calor ni posibles defectos en la preparación de los bordes que serán parte de la soldadura final, asegurando así que no existan discontinuidades internas en la unión definitiva.

6. Metrología: medición directa y por comparación

☞ **HILO CONDUCTOR**

Para Manuel, la metrología es indispensable; es el arte de medir con precisión para asegurar que cada corte, ángulo y unión cumplan las dimensiones del plano. Él emplea dos métodos principales. La medición directa la realiza con herramientas como el flexómetro para longitudes, la regla para marcar y verificar rectitud y el calibre para medidas finas como espesores o diámetros, obteniendo valores exactos. Por otro lado, la medición por comparación le permite verificar si las piezas "encajan" o "son iguales", usando escuadras para ángulos, galgas de soldadura para cordones o patrones de piezas aprobadas. Dominar la metrología es crucial para Manuel, ya que le permite evitar retrabajos y garantizar que cada pieza cumpla los más altos estándares de calidad.

- -

La metrología no es solo un concepto teórico; es la práctica diaria que asegura que cada corte, cada ángulo y cada unión en sus proyectos de soldadura cumplan con las especificaciones exactas del diseño. Es la disciplina de medir y, en el taller de soldadura, se manifiesta principalmente a través de la medición directa y la medición por comparación.

6.1. Medición directa: obteniendo el valor exacto

La medición directa implica el uso de instrumentos que proporcionan una lectura numérica o una escala directa del tamaño de una característica. Se utiliza constantemente para verificar dimensiones críticas:

➲ **Flexómetros y cintas métricas:** son las herramientas básicas para medir longitudes, anchos y alturas de chapas, perfiles o estructuras completas. Manuel las usa para trazar líneas de corte, verificar distancias entre elementos o asegurar que una pieza cortada tiene las dimensiones generales correctas. La clave aquí es la lectura precisa en la escala, evitando errores de paralaje.

El flexómetro o cinta métrica es una herramienta indispensable en cualquier trabajo. Se dice: "Nunca te canses de medir. En la siguiente cometerás un error".

● **Reglas metálicas (o plegables):** para medidas más cortas o para verificar la rectitud de un borde o una superficie, las reglas metálicas son indispensables. Permiten a Manuel comprobar si una línea de corte es perfectamente recta o si una soldadura no ha causado una deformación excesiva.

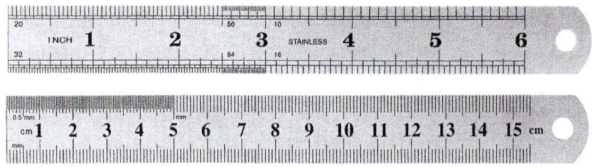

Las reglas metálicas suelen venir por un lado en sistema métrico y por el otro marcado en pulgadas (sistema anglosajón).

Calibres (pie de rey/*vernier caliper*)

El calibre (conocido también como "pie de rey" o *vernier caliper*) no es solo una regla sofisticada: es la herramienta esencial para la precisión en su día a día. Le permite ir más allá de las medidas generales de un flexómetro, entrando en el reino de las décimas y centésimas de milímetro, crucial para la preparación del material y el control de la calidad en la soldadura.

Un calibre es un instrumento de medición que consta de una regla fija (escala principal) y una mordaza deslizante (nonio o *vernier*) con su propia escala. Al deslizar esta mordaza, se puede atrapar una pieza entre las mandíbulas y la lectura combinada de ambas escalas proporciona una medida muy precisa de dimensiones lineales. Los calibres pueden ser:

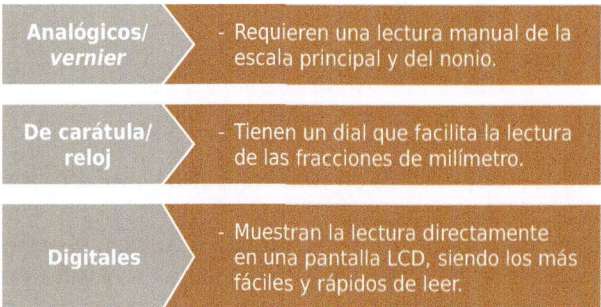

El calibre es una herramienta versátil gracias a sus múltiples partes:

1. **Mandíbulas externas (o bocas para exteriores):** se usan para medir el diámetro exterior de tubos, barras, el ancho de una chapa o el espesor de la garganta de un cordón de soldadura.
2. **Mandíbulas internas (o bocas para interiores):** son ideales para medir diámetros internos de orificios, tubos o ranuras. Se usan para verificar el diámetro de la raíz de una preparación o el interior de un casquillo.
3. **Vástago de profundidad (o sonda de profundidad):** es una varilla delgada que sobresale de la parte final del calibre a medida que se abre. Permite medir la profundidad de taladros, ranuras, escalones o, crucialmente en soldadura, la profundidad de una socavación *(undercut)* o la altura de una sobremonta.
4. **Regla fija (escala principal):** marcada en milímetros o pulgadas, proporciona la lectura entera.
5. **Regla deslizante (nonio/*vernier scale* o pantalla digital):** permite leer las fracciones de milímetro o pulgada; debemos mirar cuál es la línea que coincide, dando la precisión adicional. Debemos tener en cuenta la escala principal para los milímetros enteros y busca en el nonio la línea que coincide para obtener las fracciones decimales (estas suelen ser de 0,05 mm), sumando ambas para la medida total. Por ejemplo, si el cero del nonio pasa el 18 mm y la línea 0,45 mm del nonio coincide, la medida es 18,45 mm.
6. **Tornillo de bloqueo:** permite fijar la mordaza deslizante en una posición, manteniendo la medida para una lectura más cómoda o para transferirla.

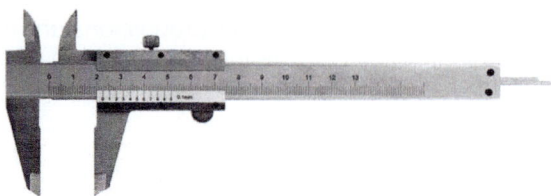

El pie de rey proporciona una gran fiabilidad de medición a nivel.

El calibre es indispensable en varias etapas del proceso de soldadura:

- **Preparación de bordes:** se utiliza para verificar el espesor del material base, así como la altura y profundidad de los biseles (preparaciones de ranura) en chapas y tubos, asegurando que la soldadura tendrá la geometría de junta correcta para una penetración adecuada.
- **Control del *gap* (separación de raíz):** aunque no es su función principal, un calibre puede usarse para verificar la separación entre piezas antes de puntear, asegurando que la distancia sea la especificada para la soldadura de raíz.
- **Medición de componentes:** verificación de diámetros de bridas, espesores de pasadores o cualquier otra pieza que se va a soldar o ensamblar.
- **Control de calidad postsoldadura:** aunque existen galgas de soldadura específicas, se puede usar el calibre para mediciones rápidas y precisas de:

  - Altura del cordón de refuerzo.
  - Ancho del cordón.
  - Profundidad de posibles socavaciones *(undercut)*.
  - Desalineaciones *(misalignment)* entre dos piezas soldadas.

- Entre sus **ventajas** se encuentran:

  - **Precisión:** permite mediciones con una exactitud mucho mayor que una regla convencional (hasta 0,02 mm o 0,001 pulgadas en calibres *vernier* y más en digitales).
  - **Versatilidad:** un solo instrumento puede realizar medidas externas, internas y de profundidad.
  - **Control de calidad:** es una herramienta fundamental para asegurar que las piezas cumplan con las tolerancias dimensionales, crucial para la integridad estructural de la soldadura.

El calibre es una extensión del ojo y nos da habilidad para trabajar con precisión. Con esta herramienta en mano, tendremos la confianza de que cada medida es la correcta, sentando las bases para una soldadura impecable y un proyecto exitoso.

APLICACIÓN PRÁCTICA

Necesitamos saber la medida más precisa posible de un rodamiento para sustituirlo. Para ello vas a utilizar un calibre analógico. ¿Cuál crees que es la medida exterior?

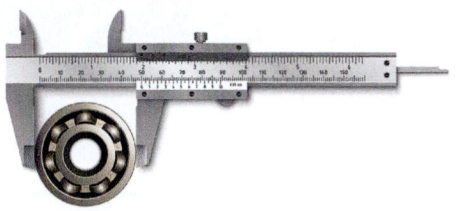

El calibre es una de las herramientas de mayor precisión en la industria.

Solución

Para medir con un calibre analógico, primero asegura su limpieza y la coincidencia del cero. Luego, coloca la pieza suavemente entre las mordazas (exteriores, interiores o usando el vástago de profundidad) y bloquea la medida. Finalmente, lee la escala principal para los milímetros enteros y busca en el nonio la línea que coincide para obtener las fracciones decimales, sumando ambas para la medida total. En este caso es de 50 mm.

- -

Micrómetros

Aunque son menos comunes para las mediciones diarias de soldadura gruesa, en soldadura se usa para verificar el espesor con altísima precisión en materiales finos o en procesos que requieren tolerancias muy estrechas.

Este sistema nos proporciona un nivel de precisión en las medidas con gran precisión.

6.2. Medición por comparación: verificando la conformidad

La medición por comparación no busca un valor numérico exacto, sino que verifica si una característica es igual, mayor o menor que un patrón o una referencia. Es un método rápido y eficiente para el control de calidad en el taller.

Escuadras (de 90°, de carpintero, de combinadas)

Las escuadras son esenciales para verificar ángulos rectos. Se usan para comprobar la perpendicularidad de cortes, la alineación de componentes en un ensamble en T o si las esquinas de un marco son de 90°. Una escuadra de precisión le asegura que los ensambles son cuadrados antes de soldar, lo que previene distorsiones angulares.

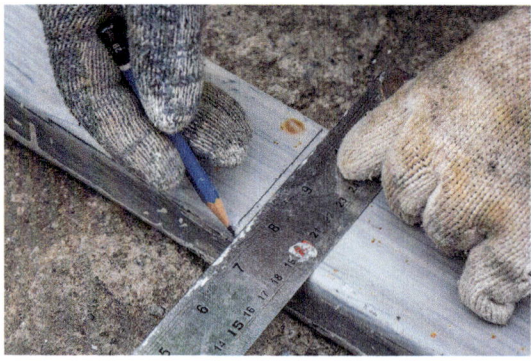

Esta herramienta nos ayuda a realizar marcas rápidas y precisas.

 **EJEMPLO**

En los trabajos de gran envergadura, donde las dimensiones son considerables, asegurar que una estructura está perfectamente a escuadra es fundamental. Para los montadores esto no es un acto de fe, sino una aplicación directa de un viejo amigo de la geometría: el teorema de Pitágoras.

Cuando se busca la escuadra, lo que realmente se busca es un triángulo rectángulo. Este tipo de triángulo es único porque tiene un ángulo de 90° (ángulo recto). La fórmula que rige las relaciones entre sus lados es precisamente el teorema de Pitágoras, que establece que:

En un triángulo rectángulo, el cuadrado de la longitud de la hipotenusa (el lado opuesto al ángulo recto) es igual a la suma de los cuadrados de las longitudes de los otros dos lados (catetos).

Para obtener directamente la longitud de la hipotenusa, la fórmula se expresa así:

$$c=\sqrt{(a^2+b^2)}$$

Donde:

- a es la longitud de un cateto.
- b es la longitud del otro cateto.
- c es la longitud de la hipotenusa (la diagonal se mediría para verificar la escuadra).

Por ejemplo, si Manuel construye un marco con catetos de 3 metros y 4 metros, la diagonal correcta sería:

$$c = \sqrt{(3^2 + 4^2)} \rightarrow c = \sqrt{(9 + 16)} \rightarrow c = \sqrt{25} \rightarrow c = 5$$

Manuel utiliza esta fórmula de manera práctica en el taller. Para verificar que un marco o una estructura rectangular están a escuadra, él mide los dos lados que forman lo que debería ser un ángulo de 90° y luego mide la diagonal (que sería la hipotenusa). Si el cálculo con la fórmula de Pitágoras coincide con la medida real de la diagonal, ¡la escuadra es perfecta!

Continúa en página siguiente >>

<< Viene de página anterior

Así, si al medir la diagonal del marco el resultado es exactamente 5 metros, Manuel tiene la certeza de que su estructura está perfectamente a escuadra, un paso crítico para la precisión en trabajos de soldadura y montaje.

 **VÍDEO**

En el siguiente enlace podrás observar más trucos para poner a escuadra grandes piezas.

https://redirectoronline.com/uf29980304

Galgas de soldadura *(weld gauges)*

Son herramientas específicas diseñadas con perfiles y escalas predefinidas para verificar rápidamente las dimensiones de un cordón de soldadura ya realizado.

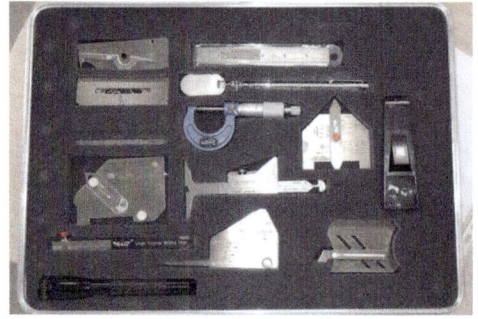

Todas las galgas de soldadura son multifuncionales.

Este tipo de herramientas nos ayuda a verificar las medidas que nos exigen las WPS (especificación del proceso de soldadura). Por ejemplo:

Tamaño del filete

Altura del cordón

Altura de la garganta

Socavaciones

Medida de separación

Desalineaciones

Medidor de grados de chaflán

6.3. Plantillas y patrones

En la producción en serie o para formas complejas, a menudo trabaja con plantillas de chapa o patrones rígidos.

Se coloca la plantilla sobre la pieza para marcar la forma de corte o la usa para verificar si la pieza ya cortada o soldada coincide con la forma deseada.

Como ventaja, agilizan la producción y aseguran la consistencia entre múltiples piezas.

Las plantillas pueden ser tan diversas como trabajos hay en el mercado.

6.4. Niveles de burbuja (o digitales)

Son utilizados para verificar la horizontalidad o verticalidad de las piezas o ensambles durante el montaje y el posicionamiento. De esta manera el operario se asegura de que una estructura esté a plomo antes de realizar las soldaduras finales.

El nivel sigue siendo desde hace mucho tiempo el sistema más utilizado en las estructuras metálicas.

ACTIVIDAD COMPLEMENTARIA

10. Busca en internet la técnica de nivelación a través de una goma transparente y agua y explica de qué se trata.

6.5. Medición de temperaturas

En el ámbito de la medición de temperaturas, el uso de termómetros digitales de infrarrojos (también llamados "pirómetros") ofrece un avance significativo frente a los métodos tradicionales. Si nos adentramos en el mundo de la medición sin contacto, esta es una tecnología revolucionaria que responde eficazmente a las exigencias del trabajo en situaciones complicadas donde el contacto directo con el material es inviable o riesgoso.

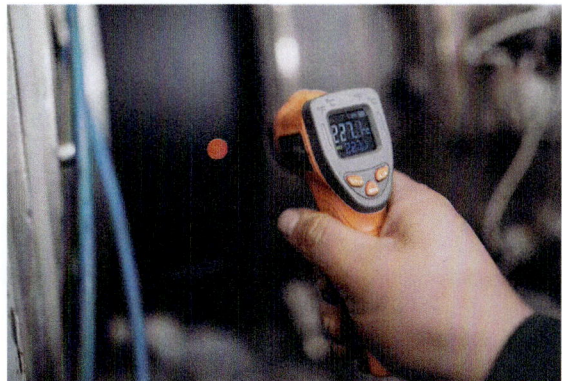

Pirómetro

Los pirómetros son herramientas esenciales para medir la temperatura en tratamientos térmicos del hierro, donde la precisión es crucial.

A continuación, puedes ver los tipos de pirómetros y sus consideraciones para estas aplicaciones:

Pirómetros ópticos	- Estos pirómetros miden la temperatura basándose en la radiación térmica emitida por el objeto. - Son ideales para altas temperaturas, como las que se encuentran en hornos de tratamiento térmico.

Pirómetros infrarrojos	- Estos pirómetros miden la radiación infrarroja emitida por el objeto. - Son útiles para mediciones sin contacto, lo que permite medir la temperatura de objetos en movimiento o en lugares de difícil acceso.

6.6. La importancia de la metrología

El dominio de la metrología es un pilar fundamental en la profesionalidad. Esto nos permite:

- **Prevenir errores costosos:** detectar desviaciones dimensionales antes de soldar evita retrabajos que consumen tiempo y recursos.
- **Garantizar la calidad:** asegurar que cada unión y componente cumplan con las especificaciones del diseño, lo que es vital para la funcionalidad y seguridad del producto final.
- **Reducir la distorsión:** medir las dimensiones y alineación durante el punteado y el proceso de soldadura ayuda a controlar las fuerzas de contracción y a minimizar la deformación.
- **Mejorar la productividad:** un trabajo bien medido desde el principio fluye sin interrupciones ni sorpresas.

Para los operarios, sus herramientas de metrología son tan importantes como su máquina de soldar. Son la garantía de que su trabajo no solo es fuerte, sino también preciso y conforme a los más altos estándares.

Ejemplo de edición precisa para una soldadura de calidad y fiable

7. Resumen

Dominar el posicionamiento y la fijación de piezas en soldadura, abarcando desde la designación normalizada de las posiciones de trabajo hasta el uso de utillaje y equipos especializados, es una prioridad. Deberemos saber elegir cuál es la mejor de las opciones entre las siguientes:

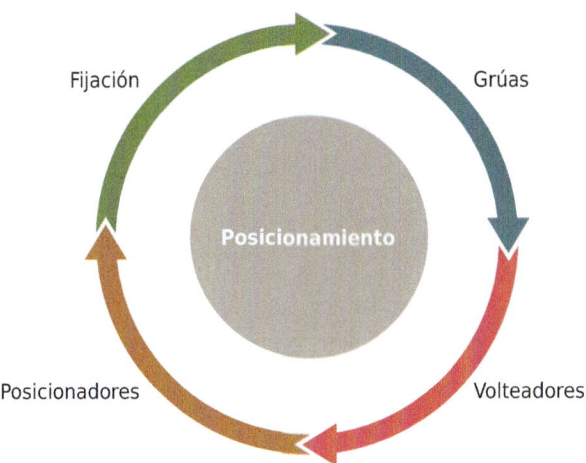

Las aplicaciones de sistemas de fijaciones permanentes y provisionales (incluida la crucial **técnica de punteado**), junto a la metrología para asegurar la precisión mediante medición directa y por comparación, serán el objetivo para asegurarnos una ejecución que cumpla con los estándares requeridos de calidad.

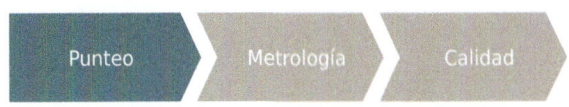

Profundizamos en los sistemas y detallamos la técnica de punteado efectivo, incluyendo criterios de tamaño, espaciado, ubicación y calidad, adaptándolos a procesos como electrodo, MIG/MAG y TIG, y en la importancia de la medición precisa.

Ejercicios de autoevaluación
Unidad de Aprendizaje 3

1. ¿Cómo se denomina la posición de soldadura donde el metal se deposita sobre cabeza?

   a. Posición plana (PA)
   b. Posición vertical (PF/PG)
   c. Posición bajo techo (PE)
   d. Posición horizontal (PB)

2. ¿Qué tipo de equipo de posicionamiento es ideal para soldar una pieza circular grande, permitiendo mantener el cordón en una posición cómoda y constante?

   a. Un elevador de tijera
   b. Un volteador simple
   c. Una mesa rotatoria
   d. Un posicionador giratorio y basculante

3. Determina si la siguiente oración es verdadera o falsa: "Un sargento es un ejemplo de sistema de fijación permanente en soldadura".

   ■ Verdadero
   ■ Falso

4. ¿Cuál es el propósito principal del punteado en una unión antes de la soldadura final?

   a. Precalentar la pieza para evitar grietas.
   b. Mantener la geometría de la unión y controlar la distorsión.
   c. Consumir el material de aporte sobrante.
   d. Preparar la superficie para la inspección visual.

5. Para verificar con precisión milimétrica la abertura de la raíz de una ranura, ¿qué herramienta de metrología usarías?

    a. Un flexómetro
    b. Un micrómetro
    c. Un goniómetro
    d. Una galga

6. Determina si la siguiente oración es verdadera o falsa: "La posición PE en la norma UNE-EN ISO 6947 se refiere a la soldadura vertical ascendente".

    ■ Verdadero
    ■ Falso

7. ¿Qué equipo es el más adecuado para levantar y transportar de forma segura una pieza de 1.500 kg dentro de un taller?

    a. Una carretilla de mano
    b. Un polipasto manual pequeño
    c. Un montacargas de baja capacidad
    d. Un puente grúa (o grúa pluma, según la capacidad y el alcance)

8. ¿Qué tipo de sistema de fijación se utiliza en el lado opuesto del pase de raíz en una unión a tope para asegurar la penetración completa y evitar el colapso del metal fundido?

    a. Un puente
    b. Un sargento
    c. Un apéndice temporal
    d. Un respaldo

9. Determina si la siguiente oración es verdadera o falsa: "La metrología en soldadura solo se encarga de medir el cordón final de la soldadura".

    ■ Verdadero
    ■ Falso

10. **¿Qué principio físico es clave para el funcionamiento de un nivel de manguera en la metrología?**

    a. La expansión térmica de los líquidos.
    b. La ley de la gravedad sobre los sólidos.
    c. La capilaridad de los líquidos en tubos delgados.
    d. Los líquidos en vasos comunicantes alcanzan el mismo nivel horizontal.

Glosario

Bordes
Extremo de la pieza que se ha de trabajar previamente para realizar la soldadura correctamente (preparación de bordes, preparación del extremo de la pieza para realizar la soldadura correctamente).

Botellas o sistemas de alimentación de gas
Elementos destinados a proporcionar los gases que utilizar.

Chaflán
Es la preparación biselada del borde de una pieza para crear una ranura que permita una penetración y una fusión óptimas del metal de aporte, resultando en una unión más fuerte y duradera.

Chispero
Encendedor de llama sin gas.

Consumibles
Materiales que utilizar en los diferentes procesos de soldeo (gases de soldadura, electrodos, varillas de aportación, fundentes y desoxidantes).

Cordón de raíz
Primer cordón que realizar en una soldadura de varias pasadas.

Desoxidantes
Productos químicos para limpieza de materiales.

Electrodo consumible (alambre electrodo)
Electrodo macizo continuo utilizado en proceso MIG, MAG (bobina de hilo).

Electrodo no consumible
Electrodo utilizado para establecer un arco eléctrico y proporcionar el calor necesario para fundir los materiales (proceso TIG).

Electrodo revestido
Electrodo constituido por una varilla circular maciza metálica y recubierta de diferentes componentes químicos destinados a la protección.

EPI
Equipo de protección individual.

Esmeriladora
Reciben este nombre las máquinas que incorporan una muela de esmeril y se emplean para quitar rebabas, soldadura y preparación de los materiales.

Estanqueidad
Calidad de estanco. Completamente cerrado, sin fugas.

Fundentes
Sustancia que se mezcla con otra para facilitar la fusión de esta.

Gas comburente
Gas que activa o favorece la combustión.

Gas combustible
Gas que arde.

Gas de protección
Gas destinado a la protección de la soldadura.

Generador de alta frecuencia
Equipo destinado a generar impulsos de elevada intensidad para cebar y mantener el arco eléctrico.

Guía para hilo
Conducto para llevar el alambre electrodo a la pistola de soldeo.

Hojas de especificaciones de materiales
Documento técnico que contiene las características de los materiales.

Hojas de procedimiento (WPS)
Hoja de especificación de los procesos de soldeo.

Lápices calorimétricos
Elemento para medir temperaturas.

Órdenes de fabricación
Documento técnico que contiene las fases de fabricación.

Parámetros de soldeo
Valores de las magnitudes de soldeo.

Pinza
Pieza que sujeta el electrodo no consumible del proceso TIG.

Planitud
Es la condición de una superficie sin curvaturas ni deformaciones, lineal o angular, para controlar la distorsión del material y asegurar un cordón de soldadura uniforme y de alta calidad.

Planos de fabricación
Documento gráfico que contiene la información necesaria para la definición del trabajo que realizar.

Polaridad
Definición de conexión en un rectificador, directa o inversa.

Posicionadores
Elementos mecánicos para la colocación de las piezas que soldar.

Punteado
Sujetar mediante puntos de soldadura las piezas.

Radio
Se refiere a la curvatura en la base de una ranura (en forma de "U" o "J"), crucial para guiar el metal de aporte, reducir su consumo y distribuir mejor las tensiones en la unión.

Rectificador
Convertidor de corriente alterna en corriente continua.

Respaldo
Elementos de sujeción y protección del cordón de raíz (para protección de la raíz mediante gas).

Rodillo de arrastre
Elemento de arrastre del hilo continuo.

Rodillo de empuje
Elemento de empuje del hilo continuo.

Secuencia (de soldeo y de apertura y cierre de gases)
Orden de ejecución de tareas.

Sistemas de fijación
Herramientas y útiles de amarre y sujeción de piezas.

Soportes
Elementos de fijación de piezas.

Transformador
Dispositivo eléctrico utilizado para convertir la corriente de alta tensión y débil intensidad en otra de baja tensión y gran intensidad.

Unidad de alimentación de alambre
Conjunto de motores y rodillos para el avance del electrodo continuo.

Utillaje
Accesorio utilizado para la sujeción de piezas.

Válvulas antirretroceso de llama
Elemento de seguridad que previene un retroceso de la llama en el soplete.

Viradores
Herramienta para girar las piezas que soldar.

Bibliografía

Monografías

→ REINA Gómez, M.: *Soldadura de los aceros: Aplicaciones.* Madrid: WELD-WORK S. L., 2003.

El material de estudio se basa en un manual exhaustivo que abarca todos los procedimientos y elementos clave en las relaciones laborales. Este libro está diseñado como una herramienta de aprendizaje esencial para los estudiantes de los cursos de Construcciones Soldadas, así como para cualquier profesional de la soldadura que desee iniciarse o profundizar en las soldaduras y sus cualificaciones. El manual se estructura en tres niveles: procesos, soldabilidad, inspección.

→ HERNÁNDEZ Riesco, G.: *Manual del Soldador.* [s. l.]: Asoc. Española Sold. y Tecnol. Unión, 2023.

Este manual se enfoca en la aplicación práctica, facilitando la transmisión de conocimientos directamente al soldador. Su contenido está diseñado para ser accesible y útil en el entorno laboral, permitiendo una rápida comprensión de los procedimientos. Aborda situaciones reales y ofrece soluciones concretas, asegurando que el soldador pueda aplicar las técnicas de manera efectiva. Además, incluye ejemplos y ejercicios prácticos que refuerzan el aprendizaje y mejoran las habilidades del soldador en el campo.